区域水资源规划及灌区节水增产灌溉专家系统研制

徐建新　陈南祥　黄　强　著

黄河水利出版社

内 容 提 要

本书全面系统地论述了区域水资源规划及灌区节水增产灌溉专家系统研制的理论与方法。全书共分为5大部分:一是区域(灌区)水资源评价、规划及宏观调控的理论与方法研究;二是区域水资源开发利用理论与技术研究;三是基于半结构多目标优选技术的灌水方法选择研究;四是灌区水资源优化分配及渠系优化配水决策研究;五是区域水资源规划及灌区节水增产灌溉专家系统研制。全书理论与实例相结合,内容翔实,层次分明,具有较强的实用性。

本书可供从事农田水利、水文水资源、生态环境等相关专业的科研和管理人员参考使用,也可供大专院校相关专业师生参考阅读。

图书在版编目(CIP)数据

区域水资源规划及灌区节水增产灌溉专家系统研制/徐建新,陈南祥,黄强著.—郑州:黄河水利出版社,2008.10
ISBN 978-7-80734-520-6

Ⅰ.区… Ⅱ.①徐…②陈…③黄… Ⅲ.①区域-水资源管理②节约用水-灌区规划 Ⅳ.TV213.4 S274.2

中国版本图书馆 CIP 数据核字(2008)第156984号

出 版 社:黄河水利出版社
地址:河南省郑州市金水路11号 邮政编码:450003
发行单位:黄河水利出版社
发行部电话:0371-66026940、66020550、66022620(传真)
E-mail:hhslcbs@126.com
承印单位:黄河水利委员会印刷厂
开本:850 mm×1 168 mm 1/32
印张:6.375
字数:190千字 印数:1—1 400
版次:2008年10月第1版 印次:2008年10月第1次印刷

定价:18.00元

前　言

水资源短缺是一个世界性的问题，在我国，尤其是我国北方表现更为突出。随着经济社会的迅速发展及人民生活水平的不断提高，对水的需求量还将继续增加。搞好水资源管理，解决好水资源问题，以水资源的可持续利用支撑经济社会的可持续发展，已成为21世纪人类社会面临的战略问题。

在我国社会总用水量中，农业用水量占65%左右。在农业用水中，一方面水资源严重短缺，另一方面水资源利用率又非常低下。形成此种情况，一是工程措施老化失修，节水灌溉工程建设比例尚少；二是管理水平偏低，管理措施不到位；三是没能很好地将先进的理论与技术系统地应用到水资源优化调配与工程运用管理工作中。

未来解决农业生产方面水资源短缺问题，将主要通过建设、改造节水灌溉工程和提高灌区灌溉管理水平来加以解决。“区域水资源规划及灌区节水增产灌溉专家系统研制”项目正是在此背景下提出来的，该项目系水利部重点科研项目。经过多方努力，项目组顺利完成了预定的研究内容，其成果在河南、河北等省的部分区域（灌区）得到了应用。为了进一步扩大影响，使其成果在区域水资源的评价及灌区灌溉管理中得到推广应用，并便于与同行专家进行理论探讨与学术交流，现将研究成果整理编辑成此书。

本书内容共分为五大部分，包括区域（灌区）水资源评价、规划及宏观调控的理论与方法研究，包括地表水资源评价、地下水资源评价、区域水资源总量评价、区域水资源优化、神经网络模型和时间序列模型在水文预报中的应用；区域水资源开发利用理论与技术研究，包括用区域水量平衡法估算农业用水量和灌区节水防盐灌排制度设计研究；基于半结构多目标优选技术的灌水方法选择研究；灌区水资源优化分配及渠系优化配水决策研究；区域水资源规划及灌区节水增产灌溉专家系统研制。作为科研项目，其成果已通过河南省科技厅组织的鉴定。

本书由徐建新、陈南祥、黄强共同撰写，由徐建新统稿。其成果还是第一作者徐建新博士论文的主要研究内容。沈晋前辈作为徐建新的博士导师，对论文及本书进行了系统的审阅，并对最终定稿提出了许多宝贵的修改意见。值此专著出版之际，也表达了学生徐建新对沈晋老师最诚挚的谢意！

参加课题研究的人员还有刘培斌、邱林、谷红梅、刘俊园、丁志雄、王萍、白雪梅等，在此一并表示感谢。

由于作者水平有限，且部分成果有待进一步深入研究，书中难免存在不足和不妥之处，敬请读者批评指正。

作　者

2008 年 8 月

目　录

第1章 绪 论

1.1 选题背景及意义

1.1.1 选题背景

人口、资源、环境与发展是当今国际社会普遍关注的重大问题。控制人口数量，珍惜和节约自然资源，保护和改善生态环境，实行可持续发展战略，已成为全球紧迫而艰巨的任务。1992 年联合国环境与发展大会通过的《21 世纪议程》把水问题作为重要的组成部分。

水是人类赖以生存和发展不可替代的宝贵资源，由于社会经济的发展，特别是工业化、城市化进程的加快，水资源短缺已形成全球性的危机。同许多国家一样，中国在发展经济、保护人类生存环境的进程中也面临着日益严重的水资源短缺与水环境恶化等问题。

我国是一个水资源相对贫乏的国家，水资源总量约为 2.8 万亿 m^3，居世界第 6 位，人均水资源占有量约为 2 150 m^3，仅为世界人均水资源占有量的 1/4，居世界第 109 位，现已被列为世界上 13 个贫水国家之一。我国北方缺水尤甚，据统计，我国北方京、津、冀地区人均水资源量仅为 517 m^3/年，相当于全国人均水资源量的 1/5，全世界人均水资源量的 1/21。缺水已严重影响了当地工、农业生产发展和人民生活水平的提高，以及区域内社会、经济、环境的可持续发展。

我国一方面水资源短缺，另一方面又存在着严重的水资源浪费。目前，占我国总水资源使用量 65% 左右的农业用水中，由于灌区建筑工程建设标准低，老化失修严重，灌溉设备落后，特别是管理水平低、灌水方式粗放，灌区水资源规划中大部分仍采用充分灌溉制度和理论，使得我国目前的灌区灌溉水有效利用系数不足0.5，远低于发达国家农业灌溉水资源有效利用系数0.8左右的水平。水资源的利用率低、严重浪费，加剧了水资源供需紧张的状况，而且部分灌区由于超量引水还造成了土壤次生盐碱化，使灌区生态环境恶化。

随着人口的增长、工业的发展，近年来非农业用水量增长很快。从经济效益来看，目前非农业用水效益远比农业用水效益高，所以今后工业和生活用水增加还将挤占农业用水。

按国民经济发展计划，我国近期内要使粮食产量比现状增加500亿kg。而粮食总产量的增加主要依靠扩大灌区灌溉面积和提高现有灌区粮食单产。

我国自1949年以来，经过50多年的水利工程建设，取得了举世瞩目的伟大成就，兴建了一大批水利工程，现状水资源开发利用水量已经超过了6 000亿m^3，达到潜在水资源量的21%。今后继续搞开源水利工程其成本将越来越高。因此，受各种条件制约，我国在21世纪初的近10～20年内，不会搞太多的水源灌溉工程。

原水利部汪恕诚部长1999年提出了我国水利建设应由工程水利向现代化水利转变的观点。这一观点具有重要的现实意义和深远的历史意义，指明了我国未来水利工作建设的方向。因此，就未来解决水资源短缺问题而言，将主要通过建设节水灌溉工程和提高灌区灌溉管理水平加以解决。进行区域水资源规划及灌区节水增产灌溉专家系统研究就是在此背景下提出来的。

1.1.2 项目研究目的和意义

国际公认：灌溉节水潜力的50%在管理。可见管理工作意义重大。把计算机技术应用于灌区管理中，将使大批水利专家的宝贵经验在现代化技术手段的支持下发挥更大的作用，为提高我国灌区管理水平做出重要贡献。

由于缺水,近年来各国都致力于发展节水型农业,并且十分强调管理在节水灌溉中的地位和作用。1993 年在荷兰海牙召开的第十五届国际灌溉大会的中心议题是"21 世纪的水管理"。

我国在灌溉农业节水方面也做了大量工作,包括采用工程措施减少输水损失,提高水的利用率;采用先进灌水技术、节水型灌溉制度以及减少棵间蒸发等。但总的看来,单项节水技术措施应用多,综合技术措施研究运用少;工程节水技术措施多,管理方面的技术研究推广少;节水灌溉设备硬件方面研制多,水资源优化配置等软件研制少。

专家系统是一种在相关领域中具有专家水平解题能力的智能程序系统。它能运用领域专家多年积累的经验和知识,模拟人类专家的思维过程,求解需要专家才能解决的困难问题。本书针对我国目前本研究领域的薄弱环节,以区域水资源评价、灌区水文预报、作物非充分灌溉理论、半结构多目标模糊优选理论为基础,进行了区域水资源最优规划、神经网络技术在水文预报中的应用、灌区农业用水量、水盐平衡灌排制度设计、灌水技术优选、灌区优化配水等新的理论与技术研究,并对以往众多本领域专家知识进行系统的提炼和整理。在此基础上,利用专家系统理论和知识,研制开发具有综合知识、通用性较强的计算机管理专家系统应用软件。该软件对于正确评价区域(灌区)农业水资源状况,合理确定灌区类型,正确选择节水灌溉技术及提高灌区综合灌溉管理水平都具有重要的应用价值。

1.2　相关领域国内外研究现状

1.2.1　专家系统在水资源规划及灌溉管理领域的研究现状

专家系统在水资源开发管理方面的应用在国外是自 20 世纪

80 年代开始的，其主要研究成果如下。

Raboh. R. Reiter. J 和 Gaschnig. J(1982 年)的 HYDRO 系统，该系统是用以帮助确定流域最佳物理特征参数值的专家系统。其值作为一种新型流域模型的输入量，用于估算不同的水文因素对全区域影响的状况。系统试图提供能与水文专家经过深思熟虑选择的领域特征参数值相媲美的参数值。它的一般推理系统不仅可以应用于水文学领域，还可应用于大量的其他推理工作。

Engman. E. T(1987 年、1989 年)先后研制了 EXSRM 系统和 SRM 系统，其中 EXSRM 系统可用以帮助人们估计融雪径流参数，SRM 是一种预测山区河流日流量的模拟模型。EXSRM 可用以获取必要的专门知识，来估计所选参数的合理性，给出合理值范围；而 SRM 模型需要由卫星提供覆雪量、日温、降雪量以及一些不能直接测量的参数值，如径流系数、温度直减率、衰退系数、延时系数等。

Pelletier. P. M(1987 年)又研制了一种 ESSEM 专家系统的模型。该模型被用来选择露天渠道和河流测站。模型在考虑河流规划、河道水情、冰情、投资能力等大量因素基础上，进行测站和测量方法选择。

Simonovics. S. P(1989 年)在两篇论文中均论述了 SFM 专家系统，该系统可以用于选择河流测试方法。它由两部分组成：第一部分检测测试点的自然特征，其知识库囊括了由世界标准局出版手册中介绍的 27 种测量方法，根据所提供的信息，系统整理出第二部分所需资料；第二部分利用第一部分成果，收集测点的测试结果和使用设备情况，然后利用这些信息来精简应用方法表。该系统还可以提供储存在数据库文件中的有关选择方法的信息。

Liong. S. Y. 、Chan. W. J 和 Lum. L. H(1991 年)研制了一种用以校准暴雨水管理模型中径流分量的专家系统(KBSMM)。该系统可完成一种“最陡坡”型的有关 10 种标定参数的最佳数值选定。其参数包括粗糙系数、蓄量损失率、渗透率和渗透衰减率、倾斜角、抗渗系数等。该系统既可以帮助用户选择下一步标定的合适参数，又可以估算拟合度。

Simonvic. S. P. 和 Saric. D. A（1989 年）研制了 REZEX——一种人机交互、菜单操作专家系统，用于水库基本情况咨询。该系统可将水库数学问题转换成规范的数学表达式，然后为表达式选择适当的计算方法求解问题。该软件包含 9 种水库模型，覆盖了从系统优化方法到水库规模、规划操作、实时调度等多方面的问题。

Abbott. M. B（1986 年）研制了 WATQUAS 专家系统。此系统可从大量有价值的历史水质资料中提取相关知识，并以适当形式将其表示出来。但该系统转换过程具有不确定性，尚难用数字表达其模型，所以该系统主要用于历史资料的解释。

Palmer. R. N 和 Tull. R. M（1987 年），Palmer. P. N 和 Holmesk. J（1988 年）先后研制了功能近似的 WMS 和 SID 有关旱情管理计划专家系统，两系统可预估和展示有关旱情管理计划的信息。在用户判别现今旱情与过去的类似程度的基础上，根据以往经验，用线性规划模型制定最优决策。此系统是由西雅图水系统部门管理人员设计操作的，用以帮助他们做出复杂的决定，即水量的优化调配。

Raman. H 建立了根据干旱程度和不同的年初蓄水量，采用线性规划模型进行作物优化的专家系统，用以指导今后灌溉系统面临干旱的调度决策。

Palmer 和 Richard. N 等建立了以利用规划库对美国西雅图水库管理处的工作人员以交谈方式获取调度经验的专家系统。

CADSM 模型是具有决策支持功能的专家系统，该模型有多个子模块，可模拟作物产量和作物需水过程，预测土壤盐分及水分胁迫对产量的影响，向用户提供不同类型渠系的配水计划，对各种供水决策进行效率和生产率公正性评价。

国内灌区水资源管理专家系统软件的开发应用远落后于国外，其具体研究开发情况如下。

汪家权(1993 年)进行了平原地下水资源评价专家系统研究;田峰巍等(1993 年)进行了水库群联合优化调度的专家系统设计;翁文斌等人研制了包含有专家知识的评价方案系统和具有专家知识的咨询系统在内的京津塘水资源规划决策支持系统;束沧龙(1996 年)建立了基岩裂隙水寻找与开发的专家系统;1993 年河北省石津灌区管理局和中国科学研究院合肥智能所等单位首次联合,采用合肥智能化所研制的编辑型专家系统开发工具雄风 2.1,研制了石津灌区管理专家系统,该系统整理了灌区管理专家、经济专家的经验和知识,由灌区灌溉信息服务、管理决策咨询、灌溉优化调度 3 个子系统组成,并进行了实际应用偿试;水利部农田灌溉研究所(1997 年)在总理基金项目《华北地区节水型农业技术研究与示范》中,在总结分析华北地区主要农作物的各种节水灌溉措施基础上,将研究成果采用 Turboc、Prolog、dBase Ⅲ 等语言编写了包含知识库、推理机、人机接口和知识获取 4 个子系统的“华北地区节水型农业技术体系专家系统”(NCWSA);王德次(1997 年)初步进行了“节水灌溉综合评价决策专家系统”方面的研究,并采用了 Prolog 与 Turboc 语言混合编程,研制了 WSIPES 系统软件;谷红梅(1999 年)采用专家系统进行了灌区灌水技术选择方面初步研究;汪志农(2000 年)在节水灌溉管理决策专家系统研究中,采用雄风 3.1 专家系统开发工具结合生产实际,分别建立了灌溉预报与节水灌溉决策、灌区管理体制改革和陕西旱情决策等 3 个专家系统,取得了良好的社会效益。

但从总体上讲,以上研究成果多数以理论性、探索性或专家咨询性为主,许多成果都尚不完善,也尚未达到真正在生产中实用的目标。到目前为止,我国水资源和农业灌溉专家系统方面的研究尚处于起步和探索阶段。

1.2.2 人工神经网络技术在水文水资源预测预报中的应用状况

人工神经网络理论被广泛地应用于各种模式识别、优化计算、非线性信号处理、智能控制、人工智能等研究领域。20世纪90年代初，神经网络技术开始应用于水资源评价与预测、优化计算及分类识别和基于人工神经网络的专家系统研制与开发等方面。

1992年French等人在分析了降雨的时空分布特性基础上，采用神经网络模型进行了各站降雨预报，并与模拟模型进行了对比。结果证明，神经网络模型的预报结果达到了较高精度。

Hsiang – Tekung、Lyulin、Smalasri（1993年）将人工神经网络中的包括数据分析、训练、预报3个模块在内的BP网络模型应用于降雨预报。该模型输入层、隐含层分别有20个节点，输出层为单节点。在训练之后，该网络用美国Mempics地区1982～1989年降雨资料进行了预报检验，其结果相对误差在30%以内。文献中针对实际典型验证结果得出一些认识，主要观点为：神经网络模型的可靠性取决于输入层、隐含层、输出层节点数和隐含层的层数；当输入层和隐含层节点数目相等时，BP网络的性能较好；网络的训练时间较短时，网络的识别与预报能力较好。

Ranjithan（1993年）针对地下水研究中多孔介质透水性的空间变化及其资料较缺乏，很多研究采用随机的地下水管理模型，在分析中需采用大量试验资料使所建地下水优化管理模型求解时维数高、计算量大，而有许多影响因素对最后求解结果影响又不大的特点，采用BP网络研究地下水优化管理问题，模型采用包括102个输入节点、36个隐含层节点、一个输出层节点的BP网络模型，进行研究，取得了较好的识别效果。在不降低方案可靠性前提下，大大减少了地下水优化管理机遇约束及混合整数规划模型的约束条件，从而节约了大量的计算资源。

SP. Zhang等（1993年）针对水文现象自身复杂性、水文变量与诸因素间的函数关系很难明确给出的问题，应用水文因子神经网络模型，利用前一日的转移水量、日最高气温、天气、降雨量级别、日特征等参数进行了日需水量预测研究。

Mu – Lanzhu, M. Fujita 和 N. Hashimoto(1993 年)应用水文时间序列神经网络模型进行了洪水预报研究,并应用纽约 Butternut 河的三场典型洪水资料进行预报,取得了较好效果,经验证,实测洪水基本在预报区间之内。

Gerson Lachtermacher 和 J. Davia Faller(1993 年)应用 BP 网络模型对水文时间序列进行预报,得到了比传统方法更准确的结果。文章中还对不同网络结构对预报结果的影响进行了分析。

H. Raman 和 N. Sunlkumar(1995 年)应用水文时间序列神经网络模型进行了多变量水文序列模拟。并以印度 MangLam 水库和 Pathurdy 水库 1977 ~ 1990 年日入流系列资料为样本,采用 BP 网络进行样本学习训练模拟,所得结果经与传统 AR(Z)模型模拟结果对比,证明神经网络模型精度较高。

Chun – Yang 等(1996 年)将神经网络技术应用到了农田地下排水系统及地下水位的实时控制研究中。

国内 20 世纪 90 年代初也开始了将神经网络技术应用于水文水资源领域的研究。

韦柳涛等(1992 年)应用 Hopfield 网络,建立了以水电厂短期优化运行数学模型为目标函数和约束条件的能量函数及相应数学模型。

吴骁(1993 年)、蔡煜东和许伟杰(1993 年)及胡铁松、丁晶(1994 年)等应用水文因子神经网络模型进行了暴雨预报、湖水位预报、径流分级预报方面的研究。

蔡煜东、姚林声(1995 年)利用水位因子模型进行了径流长期预报的尝试,以辽宁大伙房水库为例,采用 4 个径流前期影响因子作为神经网络的输入,以径流量等级为输出,建立预报因子与径流量等级之间的非线性函数关系,取得了较理想的输出结果。

解建仓等(1994 年)进行了水库群调度的因素神经网络系统研究;胡铁松(1995 年)建立了单目标策略目标水库群优化调度的

神经网络模型,并对该模型求解水库群优化运行策略及多目标非劣运行进行了理论分析。

汪家权(1995 年)在多年水均衡计算中采用了 BP 网络模型。

刘国东、丁晶等(1996 年)进行了应用 ANN 求含水层参数的研究。

张翔、刘国东等(1997 年)应用 ANN 进行了地下水的动态分类。

随着神经网络的发展,与专家系统结合、形成神经网络专家系统的研究也已开始起步。然而,总体来讲,神经网络技术在水文水资源领域的应用,到目前为止尚属初步试验研究阶段,在许多方面的研究还有待于改进和提高。

1.2.3 灌区农业水资源评价方法研究现状及存在问题

当前,我们进行区域水资源评价中对农业用水量的计算,通常是计算农田灌溉用水量,而不考虑非耕地的需水问题。其具体方法是在渠灌区灌溉规划设计中,首先选取典型频率年作为一定供水保证率条件下的供水设计标准,然后按灌区农业种植品种对各种农作物以充分供水为前提,进行灌区灌溉制度设计;并按灌溉面积和耕地加权耗水量除以渠系水的有效利用系数计算灌区灌溉毛需水量。在井灌区则根据地下水的补给量(降水和地表水的入渗补给、地下径流侧向补给、不同含水层的侧向补给以及灌溉回归水的补给等)计算地下水的可开采量,然后与灌区需水量对比,计算地下水资源的盈亏。渠井结合灌区则取外来可引水量与地下水可开采量之和与灌溉需水量相比,评价灌区水资源状况。

上述各种方法经分析存在以下几方面的问题:

(1)渠灌区计算方法不能正确反映农田灌溉实际需要的水量。在利用地表水灌溉中,把渠系输水的渗漏水量和耕地灌水的深层渗漏水量都当成是无效的,必然导致灌溉用水量大大超过农田实际需要量。目前我国北方许多流域进行当地水资源需求分析时都用此方法计算区域需引用水量。有多种文献在海河流域的水资源评价中，都按农田灌溉用水量为4 500～7 500 m^3/hm^2 进行水量平衡分析，笔者认为此数值明显偏大。因为若按耕地有效利用率为0.67 估算，那么此引水量相当于在全区域增加水深300～500 mm，将当年引水量与降雨量相加，那么相当于海河流域年蓄水深度为800～1 000 mm，此数值已大于该流域丰水年降雨量，若年年遇此水量，必然造成涝灾。

(2)井灌区在评价地下水可开采量的计算中，虽然考虑各种补给因素比较周全，大部分都以“三水”转化或“四水”转化方式，以土壤水动力学理论为依据，进行水量平衡分析、模拟水资源转化计算，但由于计算过程复杂，加上非均质土壤等一些复杂地质条件，其计算理论尚在研究初步阶段，使得在实际计算中只能简化各种计算边界或计算参数，从而使得各种计算结果都有不同程度的失真。例如，河北省在20 世纪80～90 年代有三个较大的科研项目，均对本省的地下水可开采资源量进行了评价计算，具体见表1-1。

表1-1　地下水可开采资源量计算成果比较　（单位：亿 m^3）

项目成果	降雨入渗补给量	地下水资源量	总补给量	消耗量	地下水可开采资源量
1.河北报告	69.98	90.45	102.70	11.02	91.68
2.华北评价	59.73	78.97	90.74	12.43	78.31
3.水规划报告	45.23	64.60	76.85	3.04	73.81

注：1.为1990 年地矿部河北水文工程地质勘探设计院与河北省水文总站合编的《河北省地下水资源评价报告》；

2.为1987 年水利电力部38-1-5 课题组编写的《华北地区水资源评价报告》；

3.为1994 年华北水资源研究中心编写的《河北省宏观经济水规划群决策支持系统研究报告》。

从表1-1 中可以看出三者采用相同计算系列，并将结果折算成相同面积计算数值，但其计算结果中各项均有较大差别，尤其地下水可开采资源量结果两者最大差值达 17.87 亿 m^3，相当于最小可利用量的24.2%。和计算区全区域地下水深相差 36.4 mm，按地下水给水度 $\mu = 0.055$ 估算，相当于地下水位相差 0.66 m，而实际上河北省多年平均年地下水位下降值也不超过此值。若按耕地占总计算区域面积的 2/3 估算，相当于每公顷耕地相差水量 546 m^3，达到一次中等灌水定额的灌水量。当然，此问题在渠井结合灌区也同样存在。

(3)目前我国北方正在大力推广节水灌溉技术和研究非充分灌溉的合理灌溉制度，传统灌区（或区域）在进行灌区水资源规划与评价中都利用充分灌溉的灌溉制度与理论，计算作物需水量，进行灌区水资源评价，这显然不符合当前水资源短缺和进行节水灌溉的大趋势。

(4)据有关文献介绍，中国的自然植被类型为：在年平均降水量 200 ~400 mm、干燥度小于 1.5 的地区为森林草原；在年降水量 200 ~400 mm、干燥度 1.5 ~3.5 的地区为草原景观；在年降水量小于 200 mm、干燥度大于 3.5 的地区为荒漠、半荒漠景观。若以此成果为依据，那么在我国西北有相当一部分地区年均降水量小于 400 mm，在这些地区灌区供水不仅要考虑耕地用水问题，还要考虑非耕地的生态环境用水，否则这些地区将由于地下水位的下降而产生不良的生态问题。即使对半干旱、半湿润地区进行灌区水资源评价，也应考虑非耕地的生态用水，否则也是不全面的。

(5)在较大区域内进行水资源评价中，若过高地估算农田灌溉用水量，会产生非常有害的结果。第一，在北方地区普遍缺水、从外流域调水又很难的情况下，提出过高的农田灌溉用水量，将使人产生错觉，认为这样的要求无法满足。第二，提出过高的农田灌溉用水量标准，等于承认目前一些灌区浪费水的现象是合理的，从而不利于本地区重新合理分配利用水资源。

1.2.4 国内外在灌区灌溉防盐方面的研究现状及存在的问题

盐碱地问题和灌区次生盐碱化问题由来已久。据联合国粮农组织估算,全世界盐碱地面积约有 $9.548\times10^{7}\ hm^2$,我国盐碱地面积约 $6.70\times10^{6}\ hm^2$,占总面积的 7% 左右,主要分布在北方干旱、半干旱地区和半湿润地区,其中次生盐碱地面积占很大比重。

盐碱土的形成与气候、土壤、地形、地理、水文地质条件等自然因素有关,而次生盐碱化主要是在自然因素基础上,又增加了不合理地人为灌溉因素造成的。关于灌区灌溉与盐碱问题,我国有过深刻的教训,也获得了宝贵的经验。20 世纪 50 年代须恺等指出在平原地区防洪除涝是灌溉的基础,但当时对灌溉防渍防盐碱化却认识不足。20 世纪 50 年代末 ~60 年代初,黄河下游当时在“以蓄为主”治水方针指导下,大规模发展引黄灌溉,大搞平原水库,重灌轻排,只蓄不泄,造成了地下水位的恶性上升,地下水完全靠地面蒸发平衡,结果盐随水上,水走盐留,土壤表面严重积盐,使灌区内盐碱地面积急剧扩大,农作物产量大幅度下降,仅冀、鲁、豫三省的盐碱地面积就由 186.67 万 hm^2 扩大到了 320 万 hm^2。1962 年,河南、山东两省不得不停止引黄灌溉。

在总结历史经验教训的基础上,20 世纪 60 年代初粟宗嵩提出了灌区农业生产中与水有关的“四害”是洪、涝、旱、碱,并提出要“三水”并用。20 世纪 70 年代在治理盐碱化方面开始进入改造地下咸水时期,将除“四害”发展为洪、涝、旱、碱、咸,提出了地下水库问题。随后又提出了要“三水”并举,调整水—盐—肥关系的防盐灌溉策略,指出要求得旱、涝、碱统一治理,从田块(或灌区)的微观到灌区(或流域)的宏观全面治理的观点。在理论方面,把灌溉的理论基础提高到土壤水动力学基础上,提出了在黄淮海平原地区,防旱灌溉和防盐灌溉不可分,土体内的旱、涝、碱不可分,三者相互依存、相互制约、互为条件的观点;提出灌区设计中灌与排密不可分。

以上述观点为指导思想,20 世纪 70 年代以来,我国在除涝治碱和防止灌区土壤次生盐碱化方面做出了一定的成绩,尤其是在冀、鲁、豫地区,70 ~ 80 年代建立了多处盐碱地改造试点区,对盐碱地改造,无论是理论研究还是在工程实践中都取得了显著的成绩。其中由北京农业大学石元春教授领导的河北省曲周县盐碱地改造试点区被 AOF 誉为世界盐碱地改良的示范工程,受到了国际农业、水利界专家们的高度赞誉。

到目前为止,防治和防止灌区土壤次生盐碱化的主要水利措施有:①冲洗改良盐碱土,即洗盐。此方法主要是用水将盐分淋洗至底土层,再通过排水沟把溶解的盐分排走,目的是降低土壤计划湿润层内的含盐量,使作物正常生长。在冲洗过程中有冲洗脱盐标准和冲洗定额计算两方面控制指标。②种稻改良盐碱土,其主要原理是通过水稻生育期淹灌和排水、换水作用,使土壤中的盐分向下转移和向旁侧渗透;再通过排水沟把盐分排走,达到土壤脱盐的目的。③井灌、井排改良盐碱土,此方法主要作用是通过机井的灌溉和向流域外排水来控制地下水位,消除上层潜水对土壤的补给作用,变潜水上行为向下排泄,改善土壤盐分淋洗排泄条件,加速土壤脱盐。对浅层地下咸水,可采用抽咸换淡的方法,改善浅层地下水水质。

除水利工程措施,还有生物治碱、放淤改土等多种措施。

一般采用水利措施治碱和防止土壤次生盐碱化都是与灌溉结合进行的。然而,到目前为止尚没有一套防盐灌溉结合的灌区灌溉制度。大水漫灌,重灌轻排,在水源条件较好区,超定额灌溉等问题仍很严重。据调查,目前黄河上游的河套灌区等灌溉引黄水量为 8 000 ~ 10 000 m^3/hm^2,甚至更大,而排水量不足引水量的 10%,由此造成了地下水位居高不下,盐碱地面积只增不减。尤其严重的是超定额引水,造成了黄河中下游的用水紧张和黄河的严重断流,带来了严重的生态环境问题。

1.2.5 节水灌溉方法优选研究状况回顾

灌水方法选择对所建工程发挥效益影响重大,因此多年来有许多学者曾进行过节水灌溉技术选择及综合评价理论方面的研究工作。1953 年美国 F. B. Haniltion 等从考虑灌溉系统造价、折旧、运行费用及水的有效利用等因素出发,对喷灌与自流灌溉方案进行了对比分析。1972 年伊朗学者以净收益最大为目标建立了喷灌与地面灌溉对比模型,用于灌溉优化设计,模型中以劳动力技能为主要约束条件,共包括了 14 个约束指标,并结合劳动者的收益进行了益本比分析,作为灌水技术选择的原则。

K. W. Hill 则从在评价一个灌溉系统时既要考虑作物生理,又要考虑作物经济产出的观点出发,首次提出了系统选择时应重视作物与水分的关系,并从作物生理、作物生长类型、作物对水的反应等因素入手,具体分析了灌溉系统与作物产量的相互作用、系统选择技术、系统面积与深度之间的关系、系统优化等问题,并列举实例提出了节水灌溉系统的流程图。但该方法忽略了其他对系统选择有不同程度影响的因素,诸如土质特点、坡度、水质等。

E. A. Hoizaplel 等人详细分析了各种灌水方式对不同技术参数的改变而产生的反应,建立了确定灌水方法优先排序的相乘数学模型:

$$VIM_j = \prod_{i=1}^{n}\left(\frac{I_{ij}}{100}\right)$$

式中:VIM_j 为灌溉方法相关值; I 为指数;i 为指数类型,包括作物密度、病虫害、生长习性、坡度、土壤渗透性、水质、劳动技能等;j 为灌水方法类型。

同时,他们提出选择灌水方法应分两个阶段进行,即技术分析和技术经济分析。技术分析阶段应依据各灌水方法的 *VIM* 值进行优先排序;技术经济分析阶段则是在技术分析的基础上进行系统的优化设计,并综合考虑水源、经济、财政等因素,并进一步进行优化选择。成果中论及的灌水方法有喷灌、滴灌、沟灌、畦灌等。但20世纪80年代以前，受计算手段和思维方法的限制，其研究中均未能将定性因素与定量因素有机地结合起来。

进入20世纪80年代，随着计算机的普遍应用和思维观念的转变，系统工程、模糊数学、层次分析等理论逐步介入，使得灌溉系统选择过程中的定性和定量指标得到了有机地结合，为灌溉技术方法的评价开辟了新的途径。

中国科学研究院地理研究所季阳提出：应通过对不同供水的时空分布、作物品种与作物生长期的农田水分状况分析，来寻求利用有效水资源获取最高产量或最高效益的灌溉方案，并利用线性、非线性规划进行了寻优方案计算。

程吉林先后提出了喷灌工程设计方案的双方案、多方案的多层次语言化和定量化相结合的模糊数学综合评判模型，首次将模糊数学理论应用于节水灌溉领域。该成果将影响评价、比较方案的因素分为技术指标、经济效益指标和其他指标类3个因素集，构造了多层次模糊综合评判模型。

文枝梅、王志华、张文秀等则分别运用层次分析法（AHP）对某些工程措施进行了优选。

G. J. Wilnes等（1990年）研制了用于中心支轴系统的决策支持系统软件包，可根据工程地理位置，利用已规格化的土壤资料，并将其数字化，在规定的设计准则下，结合实际设备、作物种植情况、气候条件、水源、能源等资料，为农场提供设计和管理决策。该软件是迄今为止节水灌溉系统设计和管理中较为成功的软件。

孔祥元（1995年）从技术经济观点出发，将影响因素划分成两种类型，共选择了14个影响因子，用层次分析法进行了灌水技术优选研究，其成果特点是方法简单、直观。但在考虑因子方面仍有一定的局限性。

王德次以7种灌水方式为论域，从工程规划总目标投入少、收益高、技术可行三方面考虑，按层次划分，将评价指标体系确定为技术类指标、代价类指标、效益类指标3个方面，共考虑了21个影响因子，并用模糊综合评判法进行了灌水技术优选研究。

Ihou Minfao(1994年)运用模糊层次分析法在考虑不同决策群体给出的定性与定量指标基础上进行了灌溉管理模式研究，其成果对灌溉系统宏观管理决策有一定指导意义。

刘维峰等(1999年)以节水高产为目标，以灌溉面积、节水量、投资额和净现值等为比较指标，在定性分析基础上，应用层次分析法，进行了不同节水灌溉方案选择问题研究，并取得了在投资一定或规划面积一定条件下的最佳灌水方式优选结果，使国内节水灌溉方法选择方面的研究成果向前迈进了可喜的一步。

罗金耀(1997年)在总结节水灌溉综合评价理论与模型研究中对研究现状进行了总结，得出的结论是：目前在节水灌溉工程规划设计中，还没有找到能够全面综合考虑系统各方面因素的、行之有效的科学决策法。并认为：由于节水灌溉工程规划设计是一个涉及政治、经济、地理条件、资源以及社会和生态环境的十分复杂的系统，而且是一个涉及面广、影响因素多的复杂的多目标决策问题，并提出用一般评价方法难以将众多的定量与定性指标有机地结合在一起，综合加以评述。同时认为研究成果中可能度和满意度理论是解决此类问题的有效方法之一，并针对喷灌工程特点，将影响灌水技术选择指标体系划分成6个方面，包括了42个因子。成果最后应用模糊综合评判方法进行了不同喷灌方案之间的方案优选研究，得出理想结果。此研究成果与以往研究成果相比，考虑问题较全面，划分层次清楚有序。但所考虑因子似乎用与相同灌水方法(如喷灌)不同设计之间的优选更为适宜。

尽管在灌水技术选择方面已有相当多的研究成果，然而到目前为止，通用性较强、得到本专业同行一致认可、应用简便、有相应程序软件的研究成果并不多见。

1.3 主要内容和特点

综上所述,水资源短缺已严重制约了社会、经济、环境的协调和可持续发展,而灌溉节水是解决水资源短缺、缓解水资源供需矛盾的重要途径之一。计算机技术和人工智能技术(专家系统)的飞速发展又为区域水资源规划及灌区节水增产灌溉专家系统研制提供了技术支持,使区域水资源规划及灌区节水增产灌溉专家系统研制达到了真正满足在生产中使用的目标。

1.3.1 主要内容

本项研究的主要内容有:区域(灌区)水资源评价、规划及宏观调控系统理论与方法研究,包括地表水资源评价、地下水资源评价、区域水资源总量评价、区域水资源优化、神经网络模型和时间序列模型在水文预报中的应用;区域水资源开发利用理论与技术研究,包括用区域水量平衡法估算农业用水量和灌区节水防盐灌排制度设计研究;灌水方法选择研究,采用了半结构多目标优选技术;灌区水资源优化分配及渠系优化配水决策研究;区域水资源规划及灌区节水增产灌溉专家系统研制。

1.3.2 主要特点

本项研究内容具有以下特点:按照系统科学的理论与方法,将区域(灌区)水资源评价、规划、宏观调控、渠系优化配水、节水防盐灌排制度设计和灌水方法选择作为一个互相联系、互相制约、具有不同层次的大系统进行研究,揭示其互相影响关系,建立灌溉专家系统。在充分总结前人研究思想和方法的基础上,在对水资源研究进行了全面的深化和提高,尤其是在神经网络技术进行水文分析预报和供需平衡分析、区域农业用水量估算理论研究、以水盐平衡为原则的灌区灌排制度设计方法探讨、用半结构多目标优选技术进行灌水方法优选研究以及灌区优化配水实时修正等方面都做了全新的尝试,并获得了满意的结果。在区域(灌区)水资源评价及节水高效灌溉的理论与方法的基础上所开发的专家系统软件已具备了智能化的功能,能基本满足生产实践的需要,能真正解决生产实践中的相关问题。

第2章　区域水资源评价理论及应用

水资源评价通常分为地表水资源评价、地下水资源评价以及水资源总量评价。地表水资源评价和地下水资源评价方法很多，理论上均已相当成熟。为保持本书理论体系的系统性和完整性，本章首先对传统水资源评价的主要理论和方法进行简单回顾。然后重点进行有限元计算方法数据处理问题、人工神经网络技术在水资源评价中的应用以及区域水资源规划方法等新技术方法的探讨。最后进行区域水资源最优规划方法的应用探讨。

水资源评价一方面是对水资源数量与质量的估算和评价；另一方面是研究水资源的开发利用状况和发展趋势。所以，水资源评价与社会经济、环境条件有密切关系。

2.1　传统水资源评价理论简介

2.1.1　地表水资源评价理论

广义的地表水资源是指存在于地球表面的不同形态的水体总量，包括河流水、湖泊水、冰川水、沼泽水和海洋水等。狭义的地表水资源是指从大气水中降落下来的水，扣除陆面、水域、植物等蒸发以及补给浅层地下水以后的地表产水量。一般地表水资源量多指后者，即地表水体的动态水量——河川径流量。

2.1.1.1　区域地表水资源计算评价

区域地表水资源是指设计区域内降水形成的地表水体的动态水量，用天然河川径流量表示。区域地表水资源不包括过境水量。

径流量分析计算成果代表了径流站以上汇水区域的地表水资

源量，而设计区域往往不恰好是一个径流站的汇水区域，即设计区域是非完整流域，一般包含一个或几个不完整水系的特定行政区。所以，区域地表水资源的计算方法与单站径流量的分析计算有所不同，但前者以后者为基础。

区域地表水资源的计算通常包括以下内容：①区域多年平均年径流量；②不同设计保证率的区域年径流量；③不同设计典型年区域年径流的年内分配；④区域年径流的空间分布。

为了避开局部与整体组合的困难，当区域有多个计算单元时，在分析计算中可先估算各计算单元的逐年年径流量，再计算区域的逐年年径流量，然后利用区域年径流量系列进行频率分析，推求区域地表水资源的年内、年际变化规律。

根据区域的气候及下垫面条件，综合考虑气象、水文站的分布、实测资料年限及质量等情况，区域河川径流量计算常用的方法有代表站法、等直线法、年降水径流关系法和水文比拟法。

在设计区域内选择一个或几个代表站（或称控制站）分析实测及天然径流量，根据代表站逐年天然径流系列，按面积比或综合修正的方法计算设计区域的天然年径流系列，在此基础上进行频率计算，推求区域多年平均年径流量及不同保证率的年径流量，这种方法称做代表站法，具体做法可参见有关专著。

2.1.1.2　区域可利用地表水资源量计算

前面介绍区域地表水资源量计算方法，但就一个具体区域而言，在平原地区，其地表水和地下水的补给源都是依靠降雨，它一部分渗入地下补给地下水，另一部分形成地表径流。地表水可利用水量可用如下公式计算：

$$W_{地表} = k_1 W_{地表径流量} \tag{2-1}$$

式中：k_1 为地表水可利用系数。

区域内的库、塘蓄水量则为地表水静储量。

在水资源规划中一般用地表水可利用量作为可供水量，将库、塘蓄水量乘以研究时段内可存(调)蓄水量次数作为区域内地表水可调节水量,用以调节地表水丰、枯时段的用水量。

2.1.2 地下水资源评价理论

2.1.2.1 地下水资源量关系分析

由于地下水资源具有可恢复性、活动性和调节性等特点,为能较准确地表达地下水资源量,必须对地下水资源量进行分类。目前公认的分类是将地下水资源量分为补给量、储存量和允许开采量(或开采量)三类。

补给量是指天然状态或开采条件下,单位时间内通过各种途径进入该单元含水层(带)的水量。补给来源有降雨渗入、地表水渗入、地下水侧向流入和垂向越流,以及各种人工补给。实际计算时分别按天然状态下和开采条件下两种情况进行。实际上,许多地区的地下水都已有不同程度的开采,很少有保持天然状态的情况。因此,通常先计算现实状态下地下水的补给量,然后再计算扩大开采后可能增加的补给量。后一种称为补给增量。

地下水不同状态条件下各种增量之间的关系可用图 2-1、图 2-2 表示。

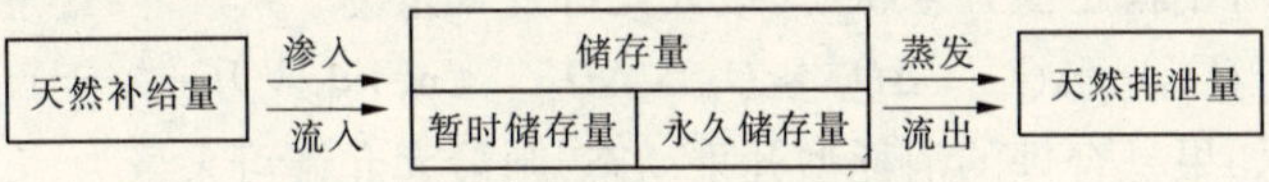

图 2-1 天然状态下水资源转化关系

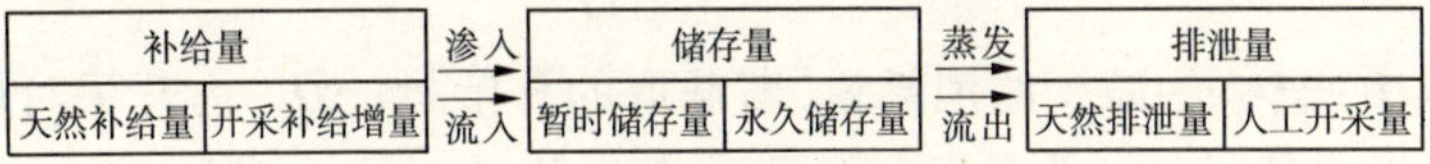

图 2-2 开采状态下水资源转化关系

2.1.2.2 地下水资源评价的主要方法

1. 水均衡法

水均衡法也称为水量平衡法,是全面研究某地区(均衡区)在一定时间（均衡期）内地下水的允许开采量。它是根据物质守恒定律和物质转化原理分析地下水循环过程，计算地下水量。实际上，该方法不仅是地下水资源计算与评价方法主要类型之一，在某些情况下，它又是其他类型计算与评价方法的指导思想与验证的依据。

对一个均衡区（地段或水文地质单元）的含水层来说，在任一时段 Δt 内补给量与消耗量之差，恒等于此含水层中水体积的变化量。据此可建立水均衡方程式：

$$\begin{cases} \text{潜水}:Q_{\text{补}} - Q_{\text{消}} = \pm \mu F \dfrac{\Delta h}{\Delta t} \\ \text{承压水}:Q_{\text{补}} - Q_{\text{消}} = \pm \mu^{*} F \dfrac{\Delta H}{\Delta t} \end{cases} \tag{2-2}$$

其中

$$Q_{\text{补}} = Q_{\text{流入}} + Q_{\text{越入}} + Q_{\text{河渗}} + Q_{\text{雨渗}} + Q_{\text{入补}} + \cdots \tag{2-3}$$

$$Q_{\text{消}} = Q_{\text{流出}} + Q_{\text{越出}} + Q_{\text{溢出}} + Q_{\text{蒸发}} + Q_{\text{实开}} + \cdots \tag{2-4}$$

式中：μ 和 μ^{*} 分别为重力给水度和弹性释水系数；Δh 和 ΔH 分别为潜水和承压水的水头变化值。

对于稳定型开采状态，最大允许开采量为

$$Q_{\text{允开}} = \Delta Q_{\text{消}} + \Delta Q_{\text{补}} \approx Q_{\text{补}} + \Delta Q_{\text{补}} \quad (\text{m}^3/\text{d 或万 m}^3/\text{年})$$

如果是合理的消耗型开采动态，则最大允许可采量为

$$Q_{\text{允开}} = \Delta Q_{\text{消}} + \mu F \frac{S_{\max}}{365T} \quad (\text{m}^3/\text{d}) \tag{2-5}$$

式中：$\Delta Q_{\text{消}}$ 为减少的消耗量，即截取的补给量；$\Delta Q_{\text{补}}$ 为开采时增加的补给量；$S_{\max}$ 为最大允许降深；T 为开采年限，一般取 50 ~ 100 年。

补给量、消耗量的组成项目很多，并且要准确地测得这些数据往往也是困难的。但对某一个具体的地区来说，一般都不是包含全部项目。因此，应该针对具体情况进行取舍。例如在平原区，由

于研究区域周边地下水变化较少,故一般可取侧向流入和侧向流出均为零。

对于北方平原地区一般稳定型的最大允许开采量可用下式估算:

$$Q_{允开} \approx Q_{河渗} + Q_{雨渗} \tag{2-6}$$

从以上各式可以看出,准确测定河流入渗量和降雨入渗量是用水均衡法评价地下水资源的关键。在确定地下水允许开采量之后,在灌区实际计算中一般将允许开采量作为基数,再剩一个允许开采系数作为地下水的开采资源量。在灌区水资源规划中,一般用地下水可开采资源量作为地下水可供水量。

2. 数值法

数值法是随着电子计算机的出现而发展起来的,现已应用十分广泛。从理论上讲,它是渗流偏微分方程的一种近似解,但该方法在实际应用中完全可以满足精度要求,它可以解决许多复杂条件下的地下水资源评价问题。常用的数值法有有限单元法和有限差分法两种,在地下水资源评价中,有限单元法在处理复杂边界条件下的问题中应用更为普遍。因此,本书主要对有限单元法的基本理论进行回顾,然后对采用此方法进行计算的数据处理问题进行研究。

(1)有限单元法的基本原理。对于二维地下水运动非稳定流可描述为

$$\begin{cases} L(h) = \dfrac{\partial}{\partial x}(T\dfrac{\partial h}{\partial x}) + \dfrac{\partial}{\partial y}(T\dfrac{\partial h}{\partial y}) + W - \mu^{*}\dfrac{\partial h}{\partial t} = 0 \quad (x,y) \in \Omega, i > 0 \\ h(x,y,i)|_{i=0} = h_0(x,y) \quad (x,y) \in \Omega, t > 0 \\ h(x,y,t)|_{\Gamma_1} = h_1(x,y,t) \quad (x,y) \in \Gamma_1, t > 0 \\ T\dfrac{\partial H}{\partial x}|_{\Gamma_2} = -q(x,y,t) \quad (x,y) \in \Gamma_2, t > 0 \end{cases} \tag{2-7}$$

式中:h 为地下水位,m;W 为垂向水量交换项,m/d;μ^* 为弹性释水系数或给水度;T 为导水系数,m^2/d;h_0 为初始水位,m;h_1 为边界水位,m;q 为边界单宽流量,m^2/d;Ω 为计算区域;Γ_1、Γ_2 分别为第一类、第二类边界条件;x、y、t 分别为平面坐标和时间坐标;n 为边界外法线方向。

对于式(2-7),由于水文地质条件的复杂性,通常难以找到该模型的解析式,也就是说,不可能找到表示地下水位的函数表达式。解决此问题的最佳途径是数值法,常采用迦辽金有限单元法将式(2-7)通过在空间和时间上离散,使之成为线性代数方程组,其过程为:

首先用迦辽金有限元法将式(2-7)在平面上离散成常微分方程的初值问题。即

$$\begin{cases}[A]_{m\times n}h_{n\times l}+[D]_{m\times n}\left\{\dfrac{\mathrm{d}h}{\mathrm{d}t}\right\}_{n\times l}=\{F\}_{m\times l}\\ h_{n\times l}|_{t=0}=\{h_0\}_{n\times l}\end{cases}\tag{2-8}$$

式中:$[A]$为导水矩阵;$[D]$为贮水矩阵;$\{F\}$为水量列阵;m 为区域剖分的计算节点数(内节点与第二类边界节点);n 为区域剖分的总节点数。

式(2-8)中$[A]$、$[D]$、$\{F\}$矩阵中各元素可分别用下列各式计算。

$$A_{ij}=\begin{cases}\sum\limits_{\beta=1}^{P}\dfrac{T_\beta}{4\Delta_\beta}(b_ib_j+c_ic_j) & i\neq j\\ \sum\limits_{\beta=1}^{P}\dfrac{T_\beta}{4\Delta_\beta}(b_i^2+c_i^2) & i=j\end{cases}\tag{2-9}$$

$$D_{ij}=\begin{cases}\sum\limits_{\beta=1}^{P}\dfrac{\Delta_\beta}{12}\mu_\beta^* & i\neq j\\ \sum\limits_{\beta=1}^{P}\dfrac{\Delta_\beta}{6}\mu_\beta^* & i=j\end{cases}\tag{2-10}$$

$$F_i = \sum_{\beta=1}^{P} \frac{\Delta_\beta}{3} E_\beta - (-\overline{Q}_i) + G_i \tag{2-11}$$

$$\Delta_\beta = \frac{1}{2}(a_i + a_j + a_k) \tag{2-12}$$

其中

$$\begin{cases} a_i = x_j y_k - x_k y_j \\ b_i = y_j - y_k \\ c_i = x_k - x_j \end{cases} \tag{2-13}$$

式中:T_β 为单元导水系数;Δ_β 为剖分的三角形单元的面积;μ^* 为弹性释水系数或给水度;E_β 为单元垂向水量交换强度;Q_i 为源汇项;G_i 为第二类边界流量项;a_j、b_j、c_j、a_k、b_k、c_k 可由上式经 i、j、k 转换求得。

再将式(2-8)在时间上离散,并取隐式得迦辽金有限单元线性代数方程组:

$$\left([A]_{m\times m} + \left[\frac{D}{\Delta t}\right]_{m\times m}\right)\{h\}_{m\times l} = \{F\}_{m\times l} + \left[\frac{D}{\Delta t}\right]_{m\times m}\{h_0\}_{m\times l} \tag{2-14}$$

式(2-14)即为确定性分布参数数值预报模型。

(2)数值法的基本步骤。①建立水文地质概化模型。主要内容有计算范围和边界条件概化,明确计算层位,圈定计算范围,判明边界性质并给出定量数值;进行水层内部结构的概化,确定含水层类型,查明含水层在空间的分布形状;含水层水力特征的概化,通常概化为二维非稳定达西流。②建立计算区的数学模型。③从空间上和时间上离散计算式。④校正(识别)数学模型。⑤验证数学模型。⑥模拟预报,进行水资源评价。

数值法可预报在一定开采方案下水位降深的空间分布和随时间的演化,可用于预测未来一定时期的水位降深,看其是否超过允许降深,但其准确性则依赖于降水量预测的准确性。

利用有限元法可进行地下水开采量预报。其过程为首先根据开采区的现有开采条件,拟定出该区的开采年限和允许降深及井位、井数等。然后可计算出在预定开采期内、在允许降深条件下可能获得的地下水量。

通常利用计算机研究某些水均衡要素,计算出侧向补给量、垂向补给量及总补给量;然后,模拟开采条件下的补给量,求出稳定开采条件下的开采量;可进行不同开采方案的比较,选择最佳开采方案。

利用有限元法,在建立了正确的数学模型后,可以很方便地进行许多模拟计算;根据计算成果可以做出全面的地下水资源评价。关于利用有限元法进行地下水资源量评价计算,本书对有限元计算方法的数据处理问题进行了较深入的研究,详见本章第2节。

2.1.3 区域(灌区)水资源总量评价

2.1.3.1 天然状态下的水资源总量

在一个区域内,如果把地表水、土壤水、地下水作为一个整体看待,则天然状态下的水资源总量可广义定义为大气降水量。大气水是水资源的总补给源。地表水主要有河流水、水库、湖泊水,它的补给源除了大气降水补给,还有地下水、冰川融水;土壤水为包气带的含水量,它主要由大气降水补给,亦有特殊区域的河流水入渗补给;地下水包括河川基流、地下水潜流(含地下水周边流出量)和地下水储蓄,地下水由降水和地表水体通过包气带下渗补给。

水资源的总排泄量可分为河川径流量、总蒸发量和地下潜流量,但水资源中3种水体的排泄方式各不相同。地表水由河川径流、水面蒸发和土壤入渗3种途径进行排泄;土壤水消耗于土壤蒸发、植物散发和下渗补给地下水或以壤中流形式流入河道;地下水的排泄方式有河川基流、地下潜流(含地下水周边流出量)与潜水蒸发3种。土壤水既可供植物吸收利用并有连通地表水和地下水的作用。由此可见,降水、地面水、土壤水、地下水之间存在着一定转化关系，尤其是地表水和地下水之间的相互补排更是水循环的重要部分。

3 种水体的地面径流、壤中流及河川基流构成河川径流，是水资源中的动态、水量；植物截留、填注、包气带含水量和地下蓄存的一部分转化为有效蒸发是农作物需水量的天然来源，另一部分蒸腾回到大气中成为无效蒸发，是目前未被利用的潜在水资源。上述关系可以用区域三水循环概念模型表示，见图 2-3。在天然状态下，一个闭合区域的总补给量与总排泄量之差等于区域地表水、土壤水、地下水的蓄水变量。时段水量平衡方程式可表示为

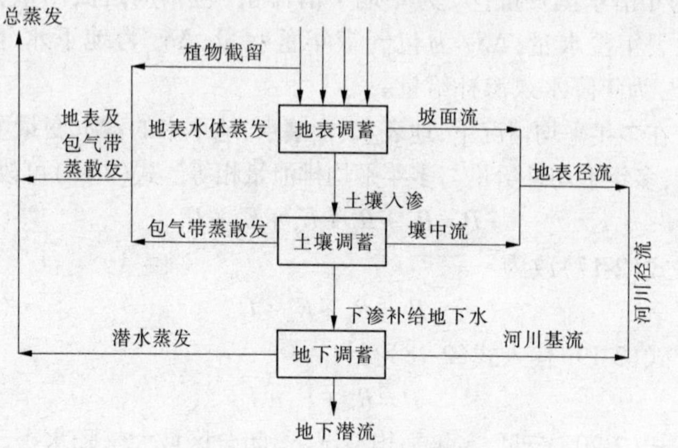

图 2-3　区域水循环概念模型

$$P = R + E + U_g + \Delta V \tag{2-15}$$

式中：R 为河川径流量，可划分为地表径流量 R_S（包括地面径流和壤中流）和河川基流量 R_g；E 为总蒸发量，可划分为地表蒸散发量 E_S（包括植物截留损失、地表水体蒸发和包气带蒸散发）和潜水蒸发量 E_g；ΔV 为蓄水变量，可划分为地表水蓄水变量 ΔS_R、包气带蓄水变量 ΔS_S 和地下水蓄水变量 ΔS_g。

即分别为

$$R = R_S + R_g$$
$$E = E_S + E_g$$
$$\Delta V = \Delta S_R + \Delta S_S + \Delta S_g$$

于是,式(2-15)可改为

$$P = R_S + R_g + E_S + E_g + U_g + \Delta S_R + \Delta S_S + \Delta S_g \qquad (2\text{-}16)$$

年内降水入渗补给地下水量,可根据下述年水量方程式计算:

$$P_r = R_g + E_g + U_g + \Delta S_g \qquad (2\text{-}17)$$

以上 3 式中:P 为年降水量;R 为年河川径流量;R_S 为年地面径流量;R_g 为年河川基流量;E 为年总蒸发量;E_S 为年地表蒸散发量;E_g 为年潜水蒸发量;U_g 为年地下潜流量(包括周边流出量);ΔS_R 为地表年蓄水量;ΔS_S 为包气带年蓄水量;ΔS_g 为地下水年蓄水量;P_r 为年降水入渗补给量。

在多年平均情况下,地表水、土壤水、地下水的蓄水变量可忽略不计,多年平均补给量与多年平均排泄量相等。式(2-16)可改为

$$P = R_S + R_g + E_S + E_g + U_g \qquad (2\text{-}18)$$

式(2-17)改为

$$P_r = R_g + E_g + U_g \qquad (2\text{-}19)$$

式(2-19)代入式(2-18)得

$$P = R_S + E_S + P_r \qquad (2\text{-}20)$$

式(2-20)表明,多年平均情况下,闭合区域大气降水等于地面径流量、地表蒸散发量、降水入渗补给量之和。

在水资源评价中,通常将区域水资源总量 W 定义为当地降水形成的地表水和地下水的产水量,则有

$$W = P - E_S = R_S + P_r \qquad (2\text{-}21)$$

或

$$W = R + E_g + U_g \qquad (2\text{-}22)$$

式(2-21)、式(2-22)是将地表水和地下水统一考虑的区域水资源总量,前者把河川基流量归于地下水降水入渗补给两种量中,后者把基流量归于河川径流量中。

2.1.3.2　地下水开发利用情况下的水资源总量

由于开采地下水,使地下水位下降,包气带增厚,产汇流条件将相应受到影响,从而使地表径流量、河川径流量、河川基流量、潜水蒸发量及地下水潜水流量相应减少,包气带土壤含水量与降水入渗补给量将增大(地下水最佳埋深范围内),如果不考虑上游区来水与地表水体灌溉回归的影响,其水量平衡方程式可表示为如下两种形式。

(1)地下水开发利用水平较低,地下水位仍高于河水位。

$$P=(R_S-\Delta R_S)+(R_g-\Delta R_g)+(E_S+\Delta E_S)+(E_g-\Delta E_g)+(U_g-\Delta U_g)+Q_{mc} \quad (2\text{-}23)$$

式中:Q_{mc}为浅层地下水开采量的消耗量;其他符号意义同前,符号前加"Δ"表示相应减少量或增加量。

(2)地下水开发利用水平较高,地下水位低于河水位。

$$P=(R_S-\Delta R_S)+Q_{rs}+(E_S+\Delta E_S)+(E_g-\Delta E_g)+(U_g-\Delta U_g)+Q_{mc} \quad (2\text{-}24)$$

式中:Q_{rs}为河流补给地下水量。

地下水开发利用水平低与高的根本区别在于后者使河川基流量变为河水补给地下水水量,其他量相应亦有改变。

由式(2-18)和式(2-23),可得地下水开采量静消耗量,即

$$Q_{mc}=\Delta R_S+\Delta R_g+\Delta E_g+\Delta U_g-\Delta E_S \quad (2\text{-}25)$$

同理,降水入渗补给量也将发生变化,其平衡方程式为

$$P_r+\Delta P_r=(R_g-\Delta R_g)+(E_g-\Delta E_g)+(U_g-\Delta U_g)+Q_{mc} \quad (2\text{-}26)$$

由式(2-23)、式(2-25)、式(2-26)可得降水入渗补给变化量

$$\Delta P_r=\Delta R_S-\Delta E_S \quad (2\text{-}27)$$

在开发利用地下水水平较高的地区,用式(2-24)推导,同样可得式(2-27)的结果。式(2-27)反映了在地下水开采条件下,地表水、土壤水、地下水之间发生的变化及转化关系。

2.1.3.3 水资源总量计算

在水资源评价中,地表水和地下水是分别进行估算的。由于地表水和地下水之间存在着相互补排、转化、循环,河川径流中包含一部分地下水排泄量,地下水补给中有一部分来源于地表水体入渗,两者之间存在相互重复的部分。因此,在计算水资源总量时,不能直接将地表水资源量和地下水资源量相加作为水资源总量,必须扣除相互转化的重复水量。扣除重复水量法的计算公式为

$$W = W_r + U - D \tag{2-28}$$

式中:W 为多年平均水资源总量,亿 m^3;W_r 为多年平均河川径流量,亿 m^3,即地表水资源量;U 为多年平均地下水补给量,亿 m^3,即地下水资源量;D 为多年平均河川径流量与多年平均地下水补给量之间的重复量,亿 m^3。

在分析计算降水量、河川径流量和地下水资源量之后,用扣除重复水量法计算水资源总量在实际工作中被普遍采用。此法的关键是正确估算地表水、地下水互相转化的重复量。平原区地表水资源量为当地河川径流量。地下水资源量为当地降水入渗补给量与地表水体渗漏(包括流域外引水和区域周边侧向渗漏补给)补给量之和,再减去井灌回归补给量与平原区河川基流的引、提水灌溉后对地下水的补给量。

平原区地下水补给量可按下式计算:

$$U_p = U_{pp} + U_{ris} + U_f + U_{cs} + U_{res} + U_{cir} + U_o + U_a \tag{2-29}$$

式中:U_p 为平原区多年平均地下水补给量,亿 m^3;U_{pp} 为平原区多年平均降水入渗补给量,亿 m^3;U_{ris} 为多年平均河道渗漏补给量,亿 m^3;U_f 为多年平均山前侧向流入补给量,亿 m^3;U_{cs} 为多年平均渠系渗漏补给量,亿 m^3;U_{res} 为多年平均水库(湖泊、闸坝)蓄水渗漏补给量,亿 m^3;U_{cir} 为多年平均渠灌田间入渗补给量(包括井灌),亿 m^3;U_o 为多年平均越流补给量,亿 m^3;U_a 为多年平均人工

回灌补给量，亿 m^3。

降水入渗补给量 U_{pp} 是平原区地下水的重要来源，主要取决于降水量、包气带岩性和地下水埋深等因素。

据统计分析，我国北方平原区降水入渗补给量 U_{pp} 占平原区地下水总补给量 U_p 的 53%。

上述各项中，井灌回归补给量系地下水重复利用量。

平原区河川基流引、提水灌溉后对地下水的补给量系平原区地下水自身重复计算量。

平原区的重复水量由以下几部分组成：

(1)地表水体补给量(包括河道入渗、渠系及渠灌入渗、人工回灌)；

(2)平原河道排泄量中的降水入渗补给部分。即

$$D = U_{ris} + U_{cs} + U_{cir} + U_{res} + U_a + W_{pd}(U_{pp}/U_p)$$

因此，单一平原区多年平均水资源总量计算公式为

$$\begin{aligned} W &= W_{pr} + U_p - D \\ &= W_{pr} + U_{pp} + U_f + U_o - W_{pd}(U_{pp}/U_p) \end{aligned} \tag{2-30}$$

式中：W 为平原区多年平均水资源总量；W_{pr} 为平原区多年平均地表水资源量(河川径流量)；W_{pd} 为平原区多年平均河川基流量；其他符号意义同前。

2.2 有限元计算方法的数据处理问题研究

由式(2-14)可直接进行地下水位预报，但使用式(2-14)对一个具体的灌区地下水位进行预报时，有大量的计算数据需要预先处理，首先进行三角形单元的自动剖分和初始条件的自动给定研究。

2.2.1 三角形单元的自动剖分

ALGOR 是结构计算中有限元计算的前后处理软件，该软件可以实现单元网格的自动剖分、节点位移、应力的计算以及计算结果

后处理等一整套过程。

在水文地质有限元计算中，三角形单元剖分主要需考虑下面几个特定问题：①观测井需放在节点上；②三角形单元疏密要求不同；③需先编内节点，再编二类边界节点，最后编一类边界节点（便于编程计算）；④如何处理参数分区问题；⑤初始流场的确定问题。

利用 ALGOR 软件的单元剖分模块实现了水文地质有限元三角形单元网格的自动剖分，并解决了上述问题，主要方法如下：

(1)首先绘出计算区边界，确定节点井的位置，绘出节点井（画一个正六边形）。图 2-4 为某计算区的范围及节点井位置。

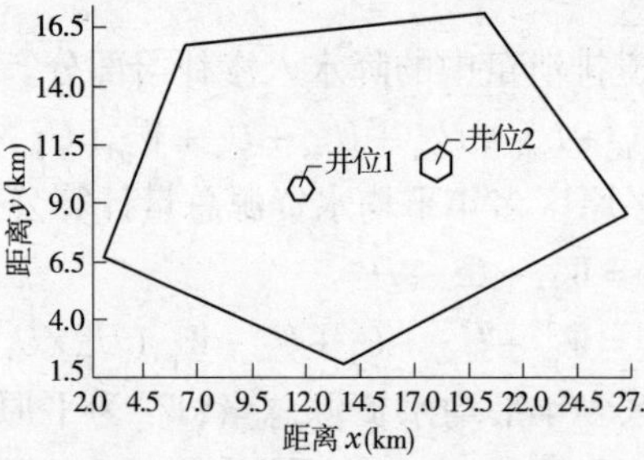

图 2-4　计算边界节点井位置

(2)用 Auto mesh – supergen 菜单，选择 Triangle 项，Density 取合适的单元数（默认为 400），Angle 取 60，用 Generate 菜单自动产生三角形单元，经译码后产生数据文件（Al. dat）用 Algortoht. for 程序提取单元节点数据（A2. dat，然后用 htt. for 程序）绘出三角形单元图（生成 DXF 文件），如图 2-5 所示。从图 2-5 可看出，三角形单元在节点井附近平缓加密，满足了单元剖分疏密不一的要求。

(3)用 zh. for 程序进行单元网络数据转换（生成 A3. dat 文件），使之符合水文地质有限元计算程序数据文件的要求（先编内节点再编外节点），再用 htt. for 程序绘出图形，如图 2-6 所示。

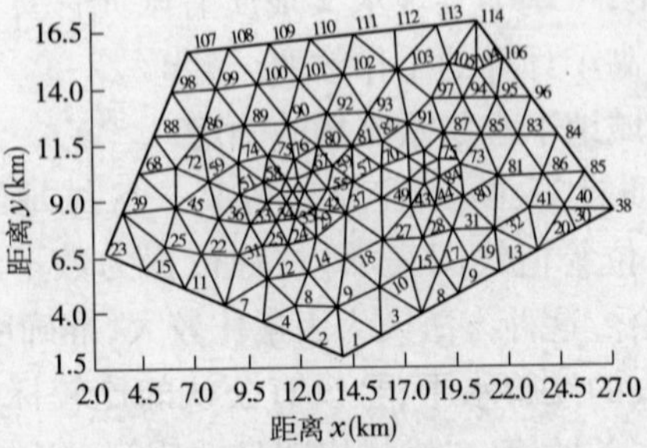

图 2-5　ALGOR 部分网络

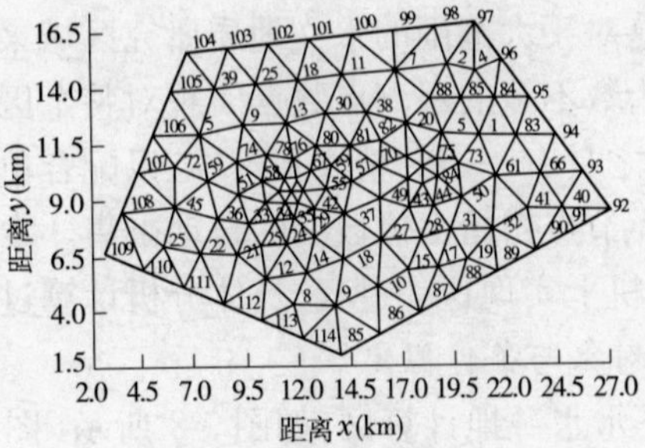

图 2-6　转换单元网络

(4)在单元节点数据文件(A3. dat)中添加分区界线和井位数据(适当调整节点坐标),再调用 htt. for 程序绘出图形,如图 2-7 所示。

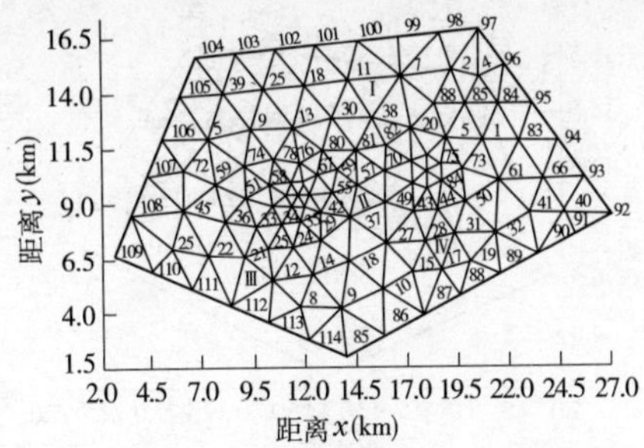

图 2-7　参数分区计井位

经上述4步,可基本实现水文地质有限元计算区域的自动剖分,从而大大提高了计算的工作效率。

2.2.2 计算区域地下水初始流场的确定

在水文地质计算中,以往要获得某一区域地下水初始流场(通常用地下水位等值线图表示)往往依据为数不多的观测点数据进行人工勾绘。这种方法人为因素比较大,准确度不高,在很大程序上依赖个人的经验水平,且没有公认的比较标准。以往有人尝试过双三次样条插值、二维拉格朗日插值等方法,但这些方法对数据形式要求严格(观测数据需在矩形网格节点上),且要求数据数目足够多。这对于大范围的水文地质研究区域来说实现较为困难。如何根据为数不多的观测点数据实现对整个区域地下水流场的推求,并且使之具有一定的精度和标准,以配合单元网格的自动剖分并实现单元节点初始水位数据的自动采集。本书中设计一种算法,并在计算机上实现这一过程,具体分析计算过程如下。

2.2.2.1 计算对象与条件假定

对某一地下水水源地计算区,如图2-8所示(图中括号内的数值为该点水位),作如下假定:①每个点的观测水位值都影响其他未知点的水位,且相互距离越近影响越大。②两个观测点的水位变化对某一未知点水位的影响,取决于3个距离:两个观测点的连线与

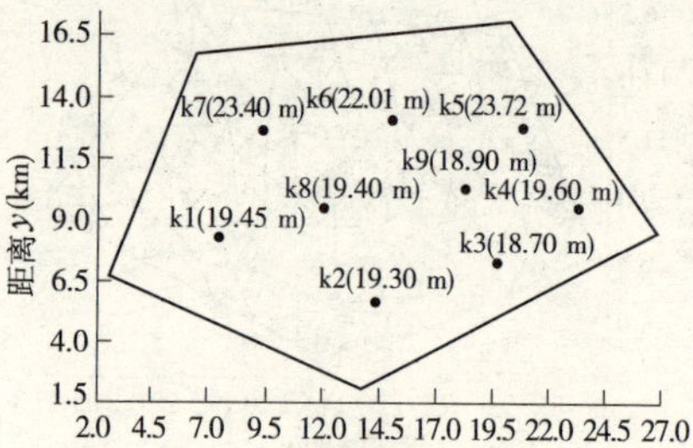

图2-8 观测井及水位

该未知点的垂直距离;该未知点与离它最近的那个观测点之间的距离;两个给定观测点之间的距离。③两观测点水位埋藏深度的变化对某一未知点的影响沿这两点连线呈线性传播,每一个给定数据点对某一未知点的影响与它们之间的距离的平方成反比。

2.2.2.2 确定未知点的水位(单元节点)

应该说所有数据点对未知网格点的水位都有影响,越靠近未知网格点的数据点影响越大。但由于对地下水流场不清楚,只能通过有限的几个观测点的值来推求其他未知点的值,用距离平方的倒数作权重进行加权平均外推,可以反映距离越小影响越大的特点;用线性外推(或内插)法则可反映观测点水位变化趋势。现首先看一维的情况,在一维假设条件下,距离平方倒数的加权平均外推,如图 2-9 所示,计算式为

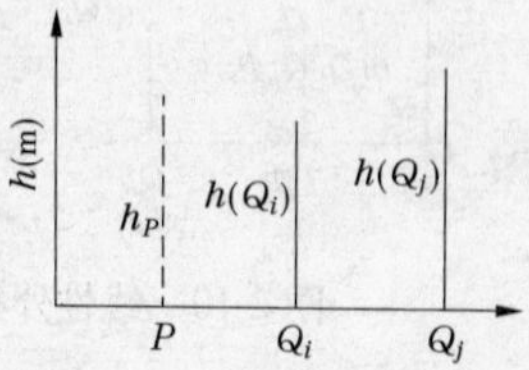

图 2-9　加权平均外推

$$h_P = \frac{\dfrac{h(Q_i,P)}{PQ_i^2} + \dfrac{h(Q_j,P)}{PQ_j^2}}{\dfrac{1}{PQ_i^2} + \dfrac{1}{PQ_j^2}} \tag{2-31}$$

式中:h_P 为 P 点加权平均外推值;$h(Q_i,P)$、$h(Q_j,P)$ 分别为 Q_i、Q_j 点的水位;PQ_i^2、PQ_j^2 分别为 P 与 Q_i、Q_j 的距离平方。

而一维线性外推情况,如图 2-10 所示。

从图 2-9 和图 2-10 可见,距离平方倒数的加权平均外推值偏大,线性外推值偏小,故综合上述两种外推方法,并考虑二维情况,如图 2-11 所示,得到一种组合加权平均外推公式:

$$h_g = \frac{\sum_{i=1}^{N}\sum_{j=1}^{N} \dfrac{h(Q_i,Q_j,P_{ij})}{\overline{GP_{ij}^2} + \overline{GQ_{ij}^2} + \overline{OO_{ij}^2}}}{\sum_{i=1}^{N}\sum_{j=1}^{N} (\overline{GP_{ij}^2} + \overline{GQ_{ij}^2} + \overline{OO_{ij}^2})^{-1}} \tag{2-32}$$

式中：h_g 为所求的未知点水位；N 为观测点数；$h(Q_i,Q_j,P_{ij})$为由 Q_i、Q_j 点的水位线性外推（或内插）P_{ij}深度，如图 2-11 所示；$\overline{GP_{ij}^2}$为 G 与 P_{ij}之间的距离平方；$\overline{GQ_{ij}^2}$ 为 Q_i 与 Q_j 之间的距离平方，$\overline{GQ_{ij}^2}=\min\{\overline{GQ_i^2},\overline{GQ_j^2}\}$。

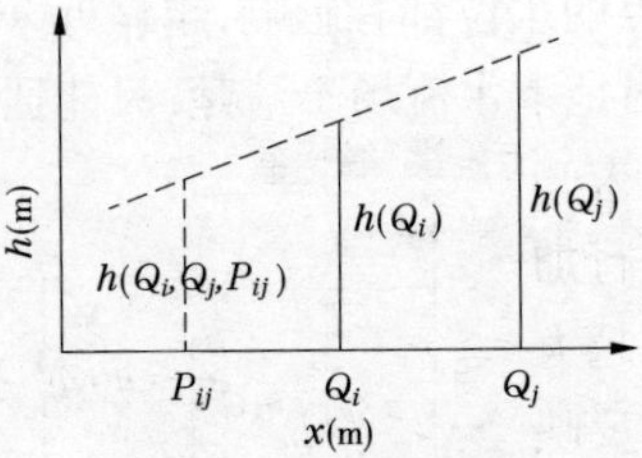

图 2-10　线性外推

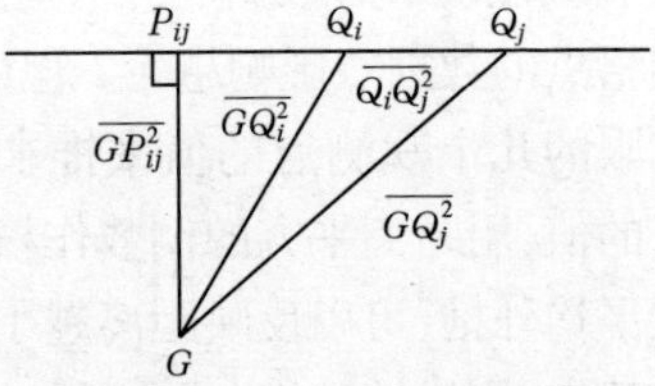

图 2-11　平面位置

2.2.2.3　计算结果

对每一个节点，以式(2-32)为依据，编制计算程序，再用双三次样条进行曲面拟合，得地下水位及初始流场（等值线），如图 2-12 所示。

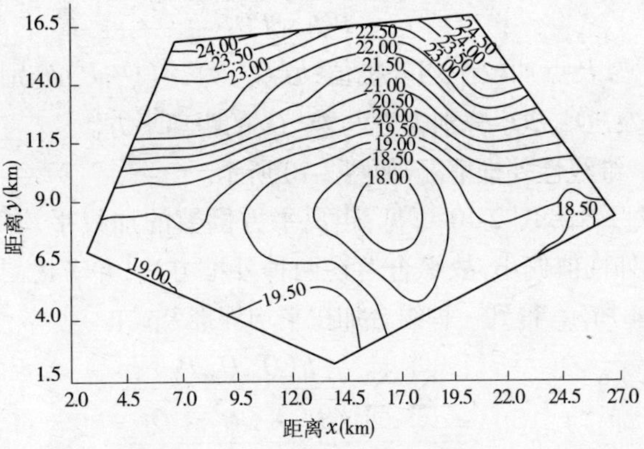

图 2-12　初始流场（等值线）

2.3 水资源评价实例

河南永城沱浍河灌区位于河南省东部永城县，灌区面积 320 km^2，耕地面积约 2.56 万 hm^2，其中渠灌面积 4 400 hm^2，井灌面积 4 000 hm^2，灌溉面积仅占耕地面积的 33%。

灌区为暖温带半湿润季风气候，多年平均气温 14.3 ℃，多年平均降水量 807.9 mm，永城站实测最大年降水量 1 505.1 mm（1963 年），最小 212.9 mm（1935 年），年内 70% 的降水量集中在 6、7、8、9 月 4 个月，多年平均蒸发量 1 088.2 mm。

区内有两条主要河流，即沱河与浍河，均属淮河水系。

沱河发源于黄河故道南侧商丘县刘口集朱楼村，在灌区东界张桥闸以上河流长 102 km，流域面积 2 237 km^2，灌区内河段长 27.2 km。张桥闸设计流量 555 m^3/s，闸前最高水位 31.45 m，最大蓄水量 695 万 m^3。沱河永城站多年平均流量 4.73 m^3/s。

浍河发源于商丘县李庄乡，在灌区境内下游有黄口闸，控制流域面积 1 201 km^2，黄口闸设计流量 413 m^3/s，最高蓄水位 29.7 m，最大蓄水量 628 万 m^3。黄口水文站多年平均流量 3.78 m^3/s。

该灌区地处黄河冲积平原下游，地理条件和水文气象特征基本一致，无需再作水资源评价分区（见图 2-13）。

2.3.1 地表水资源评价

2.3.1.1 降水量分析计算

降水量资料系列为 1952 ~ 1992 年共 41 年，由灌区内永城、黄口、蒋口和温庄 4 个观测站，求得面雨量。对降水量系列作频率分析计算得多年平均降水量 $\overline{P}$ = 807.9 mm，离差系数 C_v = 0.22，偏差系数 C_s = 0.44，典型年降水量月分配见表 2-1。

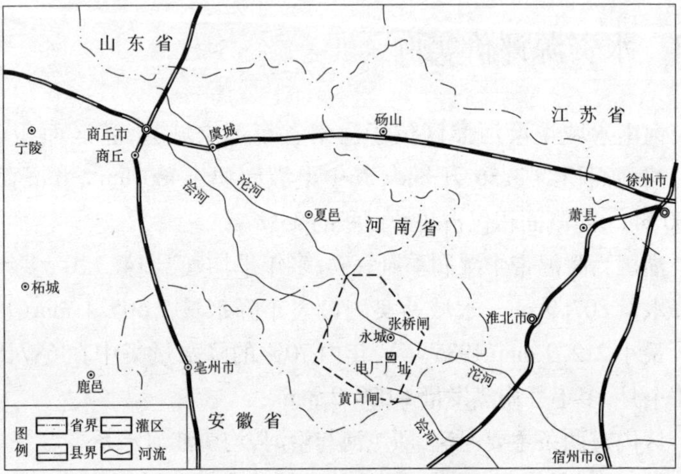

图 2-13　永城沱浍河灌区位置图

表 2-1　典型年降水量月分配

频率(%)		25	50	75	90
实际年		1991	1967	1975	1988
年降水量(mm)		921.2	791.7	678.6	589.8
各月分配雨量(mm)	1	19.5	7.0	2.3	0.5
	2	18.7	50.6	23.1	5.3
	3	85.7	49.8	21.8	43.8
	4	15.0	35.4	138.8	14.5
	5	281.1	7.1	5.5	168.1
	6	101.4	160.6	68.7	9.5
	7	167.8	137.5	111.9	178.3
	8	130.2	156.5	44.5	44.6
	9	65.2	112.4	184.2	60.4
	10	0.2	22.1	50.5	53.0
	11	5.8	52.7	3.3	0.0
	12	30.6	0.0	24.0	11.8

2.3.1.2　径流量分析计算

1. 浍河黄口站

根据1972～1994年共23年实测资料 W_m，统计计算以下参数：W_{md}、W_{ret}、W_{fd}、W_{res}，由径流量还原平衡方程，求得天然径流量系数 W_n，频率分析计算结果见表2-2。

2. 沱河张桥站

与浍河黄口站相同，根据1972～1994年共23年实测资料 W_m，经还原计算得 W_n 系列，频率分析计算结果见表2-2。

表2-2　天然径流量计算结果　（单位：万 m^3）

站名	多年平均 W_n	C_v	C_s	典型平径流量			
				25%	50%	75%	90%
浍河黄口	7 650	8.8	1.6	10 465.2	6 097.1	3 182.4	1 591.2
沱河张桥	8 000	1.2	2.5	10 784	4 528	1 568	588.8

2.3.2　地下水资源评价

地下水资源评价的目的层是浅区松散岩类孔隙潜水。由 Q_4 和 Q_3 的粉细砂构成含水层，埋深为60～80 m，单井出水量50～80 m^3/h，地下水位埋深1.1～3.8 m，地下水主要接受大气降水补给，沱浍河渗漏补给及灌溉入渗补给。地下水径流较弱，地下水主要消耗于蒸发和人工开采。

2.3.2.1　水均衡法

1. 参数选择

根据动态资料分析以往的工作成果，选取计算参数如下：

降雨入渗系数　　$\alpha = 0.17$

给水度　　$\mu = 0.043$

灌溉入渗系数　　$\eta = 0.12$

浍河入渗强度　　$E_{浍} = 0.75\ m^3/(d \cdot m)$

沱河入渗强度　　$E_{沱} = 1.50\ m^3/(d \cdot m)$

2. 地下水资源量计算

据调查统计，各典型年沱浍河持水时间和持水长度见表2-3。各典型年灌区用地表水灌水量见表2-4。灌区内工业开采量为1 697.07万m^3/年，人畜用水量381.38万m^3/年，地下水资源计算结果见表2-5。

表2-3　沱浍河持水时间和持水长度

河流	50%		75%		90%	
	时间(d)	长度(m)	时间(d)	长度(m)	时间(d)	长度(m)
沱河	300	12 000	280	11 000	240	10 000
浍河	300	10 000	280	9 000	240	8 000

表2-4　各典型年灌区用地表水灌水量

项目	50%	75%	90%
灌溉次数	2	3	4
灌水定额(m^3/亩[1])	100	150	200
总灌水量(万m^3)	1 300	1 950	2 600

表2-5　地下水资源计算结果　（单位：万m^3）

项目		典型年		
		50%	75%	90%
补给项	降水	4 196.35	3 810.82	3 511.30
	沱河渗漏	540.00	462.00	360.00
	浍河渗漏	225.00	189.00	144.00
	灌溉入渗	156.00	234.00	312.00
	合计	5 117.35	4 695.82	4 327.30
消耗项	工业开采	1 697.07	1 697.07	1 697.07
	人畜用水	381.38	381.38	381.38
	农业开采	600.00	900.00	1 200.00
	蒸发	1 968.00	1 852.00	1 770.00
	合计	4 646.45	4 830.45	5 048.45
均衡	ΔH(m)	+470.90	−134.63	−721.15
	均衡差	+0.37	−0.10	−0.56

[1] 1亩=1/15 hm^2。

2.3.2.2 有限单元法

1. 数学模型

根据评价目的层的水文地质特征和水动力条件，计算区域边界全部概化为第一类边界条件，沱河、浍河河水与地下水水力联系相对较弱，处理为自由入渗的线源。计算区采用非均质、各向同性二维非稳定流潜水数学模型，采用迦辽金有限单元法求解。

2. 模型识别和校核

对计算模型，采用了1996年8月1日～1997年2月1日的地下水位长观资料及相应的降雨量、蒸发量、地下水开采量等进行模型识别和校核，经识别和校核的潜水水文地质参数分区见表2-6。

表2-6　水文地质参数分区

分区号	分区面积(km^2)	渗透系数k(m/d)	给水度μ
1	66.58	6.0	0.04
2	32.91	5.0	0.04
3	67.38	11.0	0.04
4	41.50	6.0	0.035
5	48.35	4.5	0.03
6	63.21	10.0	0.045

3. 地下水资源评价

根据计算目的层水文地质条件、气象条件，以及需水量要求、地下水开采方式，确定地下水在开发运用条件下，地下水埋深应控制在3～4 m为宜。评价按典型年进行，以月为计算时段。计算评价结果见表2-7、图2-14、图2-15。

表2-7　有限单元法评价地下水可开采量(新增灌溉水量)

典型年	50%	75%	90%
可开采资源量(万m^3)	2 030	1 810	1 780

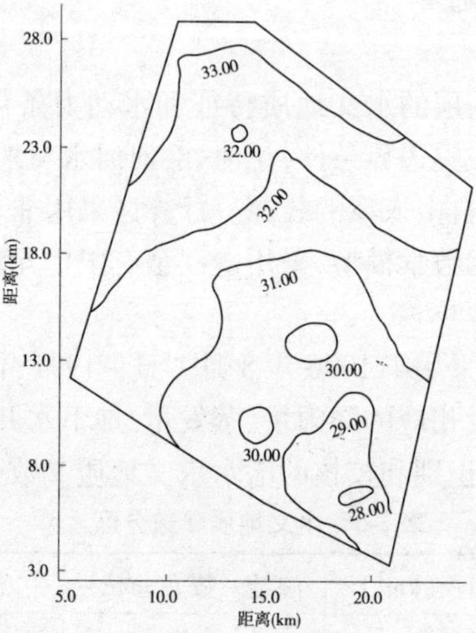

图 2-14　50% 频率年 12 月末地下水等水位线图

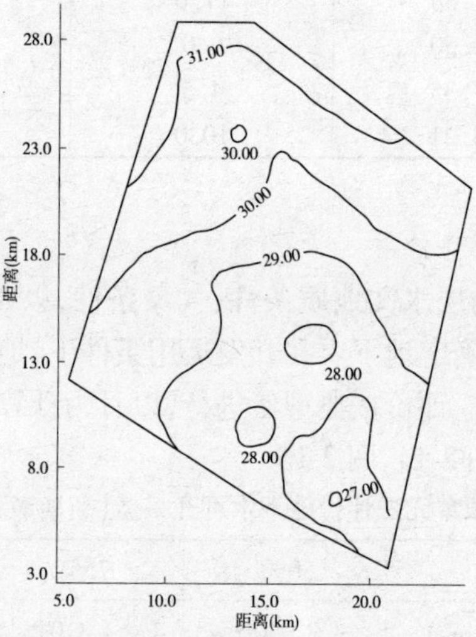

图 2-15　90% 频率年 12 月末地下水等水位线图

2.3.3 水资源总量计算

本次计算评价的水资源总量是地表水径流量和地下水的补给量之和扣除重复计算量(灌溉入渗补给量、沱浍河渗漏补给量)。各典型年的水资源总量见表2-8。

表2-8 各典型年的水资源总量 (单位:万 m^3)

项目		50%	75%	90%
地表水径流量	沱河	4 528	1 568	588.8
	浍河	6 097	3 182.4	1 519.2
地下水补给量		5 117.35	4 695.82	4 327.30
重复计算量		921.00	885.00	816.00
水资源总量		14 812.45	10 129.22	5 591.30

2.4 神经网络在水文预报及地下水位预报中的应用研究

前面简述了区域水资源评价理论及方法研究。就水资源数学模型而言,按参数分布形式可概括为两大类,即分布参数模型和集中参数模型。

分布参数模型一般把系统的状态用系统各空间的水资源要素和参数进行描述,系统特征函数通常表示为由三维空间变量和时间变量及系统参数组成的偏微分方程,此类模型一般求解都非常复杂,计算工作量很大,且要求对系统的内部结构、边界条件等有较深的了解,求解过程中对原始数据要求较高。数值法计算中的有限单元法和有限差分法都属于分布参数模型。而集中参数模型则是以集中的形式表示系统参数,不计参数的空间分布,把整个水文地质实体或自然空间视为一个整体,仅考虑参数的时程变化,只根据输入、输出变量的实测样本,建立系统模型,确定模型的参数,即可用于系统的管理和状态预报。此类模型对于参数变化不大的系统实用性广泛,一般在分析中不考虑输入、输出变量的中间变化过程的合理性,而只强调输入与输出变量最后结果之间的关系,其中间过程属黑箱式操作。

集中参数模型对解决单一目标问题与分布参数模型相比,具有针对性强、对原始数据要求简单的特点。

在平原宜井灌区对地下水进行合理调度利用是水资源管理的中心工作,而对地下水位进行准确的动态预测则是水资源合理调配的最基础性的工作。对于水库河道引水的渠灌区,搞好对未来河道径流状况预测,也是进行水库水量调度及制定灌区发展规划的重要依据。

地下水位动态预测和河道径流量预测,由于与所涉及的因子间多是非线性关系,受计算手段影响,以往多采用线性或某种函数形式进行相关分析或对问题进行概化求解。以上方法由于与实际情况差别较大,往往使计算成果的误差较大。

20 世纪 80 年代,随着计算机的发展,神经网络这一非线性学科迅速兴起。神经网络技术是涉及数学、物理、脑科学、心理学、认知科学、计算机科学、人工智能等学科的一门新兴交叉科学,是目前国际上的热门研究领域。人工神经网络模型属于集中参数模型的一种,可以对信息进行大规模并行处理,具有自组织、自适应、自学习能力、非线性、非局域性等特点;而且善于联想、概括、类比和推理,能够从大量的统计资料中分析提炼实用的统计规律。

根据以上特点,本节以人工神经网络技术作为集中参数模型进行地下水位动态和河道来水径流预报研究。

2.4.1 人工神经网络模型介绍

人工神经网络模型是模拟人脑工作模式的一种仿生模型。神经网络最基本的单元为神经元,在人工神经网络中,信息的处理是由神经元之间的相互作用来实现的,神经元是一个具有多个输入但只有一个输出的非线性器件。神经元的传递函数根据输入、输出特性不同可有不同形式，其简单且常用的特性函数有阈值型、分段线性型、Sigmoid（简称S型）及双曲正切型，如图2-16所示。

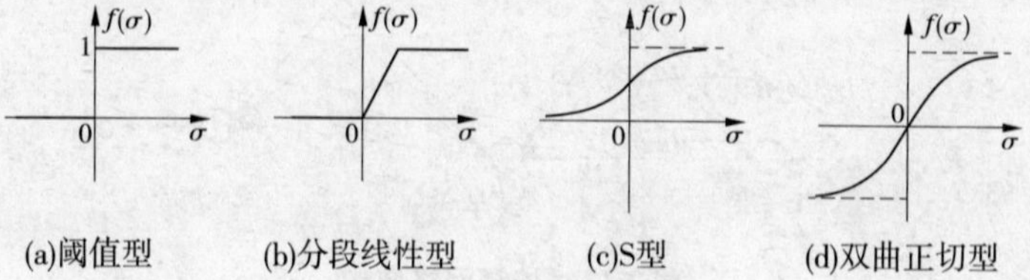

图2-16　常用特性函数

神经元的工作过程一般是：

（1）从各输入端接受输入信号 X_i；

（2）根据连接权值 W_i 求出所有输入的加权和 net_i；

（3）用某一特性函数 f（又称作用函数、传递函数）进行转换，得到输出值 O_i。

人工神经网模型有多种，本书仅介绍多层前馈神经网络及BP学习算法。

2.4.1.1　BP网络

多层前馈神经网络系指具有包含输入层、隐含层和输出层的多层向前神经网络。其中包括BP网络、径向基函数网络、样条函数网络、正文多项式网络、多层自适应线性神经元、GMDH网络等。以上网络中BP网络应用最为普遍。

BP网络是指在具有非线性传递函数神经元构成的前馈网络中采用误差反传（Back Propagition——BP）算法作为学习算法的前馈网络。它是一种多层前馈网络，通常由输入层、输出层和若干个隐含层构成。层与层之间的神经元之间采用全互联的连接方式，而同层内的神经元之间没有连接，图2-17为一个三层前馈神经网络结构图，其中第一层为输入层，第二层为隐含层，第三层为输出层。

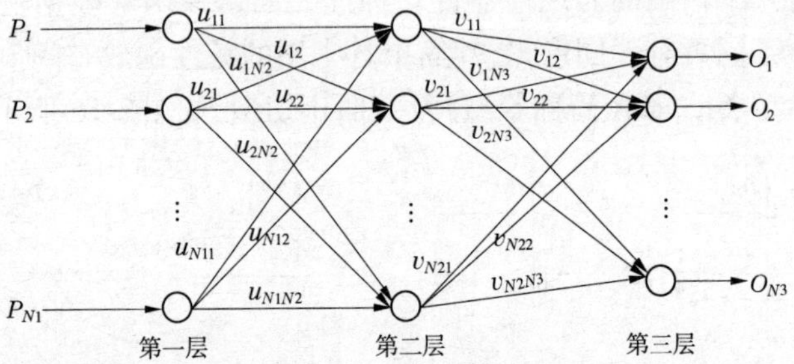

图 2-17　神经网络结构

2.4.1.2　BP 学习算法

设输入层、隐含层和输出层神经元节点数分别为 N_1、N_2、N_3，则 BP 神经网络的输入与输出关系是一个高度非线性映射关系，网络是从 N_1 维欧氏空间到 N_3 维欧氏空间的映射。取隐含层和输出层间的神经元传递函数为 S 型函数，即

$$f(x)=\frac{1}{1+e^{-x}} \tag{2-33}$$

假设有 N 对训练样本($I_n, T_n,\ n=1,2,\cdots,N$)，其中 $I_n \in R^{N_1}$，为第 N 个训练样本的输入，$T_n \in R^{N_3}$，为第 N 个训练样本的期望输出，则输入信号由输入层向输出层正向传播的过程可用式(2-34)～式(2-39)表示，即

$$net_i = I_{pi} \tag{2-34}$$

$$O_{ni} = net_i = I_{pi} \tag{2-35}$$

$$net_j = \sum_{i=1}^{N_1} W_{ji} O_{ni} - \theta_j \tag{2-36}$$

$$O_{nj} = f(net_j) \tag{2-37}$$

$$net_k = \sum_{i=1}^{N_2} W_{jk} O_{nj} - \theta_k \tag{2-38}$$

$$O_{nk} = f(net_k) \tag{2-39}$$

其中　$i=1,2,\cdots,N_1;j=1,2,\cdots,N_2;k=1,2,\cdots,N_3$

式中：net_i、net_j、net_k 分别为输入层中某一节点 i、隐含层中某一节点 j 和输出层中某一节点 k 的净输入；W_{ji}、W_{jk} 分别为隐含层中节点 j 和输入层节点 i 以及输出层中节点 k 和隐含层中节点 j 两两节点之间的连接权；θ_j、θ_k 分别表示隐含层中节点 j、输出层中节点 k 的阈值；O_{ni}、O_{nj}、O_{nk} 分别为前馈网络在输入第 n 个训练样本时输入层节点 i、隐含层节点 j 和输出层节点 k 产生的输出。

输入样本中的输入向量 I_n 经由三层前馈网络传递所产生的输出向量 O_{nk} 与样本中所期望输出 $T_{nk}(k=1,2,\cdots,N_3)$ 之间存在的误差，其平方型误差函数为：

$$E=\frac{1}{2}\sum_{n=1}^{N}E_n=\frac{1}{2}\sum_{n=1}^{N}\sum_{k=1}^{N_3}(T_{nk}-O_{nk})^2 \tag{2-40}$$

对于整个网络只有一个输出节点的情况，上式中 $N_3=1$，则式(2-40)变为：

$$E=\frac{1}{2}\sum_{n=1}^{N}E_n=\frac{1}{2}\sum_{n=1}^{N}(T_{nk}-O_{nk})^2 \tag{2-41}$$

网络学习的目的是通过调整网络中的连接权值使 E 达到最小，将式(2-33)～式(2-39)代入式(2-40)得知误差函数的优化是一个无约束非线性优化问题，应用梯度法寻优，对于隐含层和输出层之间有：

$$\frac{\partial E}{\partial W_{kj}}=\sum_{n}\frac{\partial E_p}{\partial net_k}\cdot\frac{\partial net_k}{\partial W_{kj}}=-\sum_{n}\delta_{pk}O_{nj} \tag{2-42}$$

上式中

$$\begin{aligned}\delta_{pk}&=-\frac{\partial E_p}{\partial net_k}=-\frac{\partial E_p}{\partial O_{nk}}\cdot\frac{\partial O_{nk}}{\partial net_k}\\&=(T_{nk}-O_{nk})f'(net_k)\\&=(T_{pk}-O_{pk})O_{nk}(1-O_{nk})\end{aligned} \tag{2-43}$$

对输入层与隐含层之间有

$$
\begin{aligned}
\frac{\partial E}{\partial W_{ji}} &= \frac{\partial E}{\partial O_{nj}} \cdot \frac{\partial O_{nk}}{\partial net_k} \cdot \frac{\partial net_k}{\partial P_{nj}} \cdot \frac{\partial O_{nj}}{\partial net_j} \cdot \frac{\partial net_j}{\partial W_{ji}} \\
&= \sum_n \frac{\partial E_n}{\partial O_{nk}} \cdot \frac{\partial O_{nk}}{\partial net_k} \cdot \frac{\partial net_k}{\partial O_{nj}} \cdot \frac{\partial O_{nj}}{\partial net_j} \cdot \frac{\partial net_j}{\partial W_{ji}} \\
&= -\sum_n \sum_k (T_{pk} - O_{pk}) f'(net_k) W_{kj} f'(net_j) O_{nj} \\
&= -\sum_n \delta_{nj} O_{nj}
\end{aligned}
\tag{2-44}
$$

其中

$$
\begin{aligned}
\delta_{nj} &= -\frac{\partial E_n}{\partial net_j} = \sum_k (T_{nk} - O_{nk}) f'(net_k) W_{kj} f'(net_j) \\
&= \delta_{pk} W_{kj} f'(net_j) \\
&= O_{nj}(1 - O_{nj}) \delta_{nk} W_{kj}
\end{aligned}
\tag{2-45}
$$

对于阈值，经胡铁松推导有

$$
\frac{\partial E}{\partial \theta_k} = \sum_n \delta_{nk} \tag{2-46}
$$

$$
\frac{\partial E}{\partial \theta_j} = \sum_n \delta_{nj} \tag{2-47}
$$

由梯度下降法可得到权值和阈值迭代公式

$$
W(t+1) = W(t) - \eta \cdot \frac{\partial E}{\partial W(t)} \tag{2-48}
$$

$$
\theta(t+1) = \theta(t) - \eta \cdot \frac{\partial E}{\partial \theta(t)} \tag{2-49}
$$

式中：W、θ 为权向量和阈值向量；η 为学习因子（或称学习效率）。

将式（2-42）、式（2-44）、式（2-46）、式（2-47）分别代入式（2-48）、式（2-49），可得到权向量和阈值向量的通式，即：

$$
W_{xy}(t+1) = W_{xy}(t) + \eta \cdot \sum_n \delta_{nx} O_{ny} \tag{2-50}
$$

$$
\theta_x(t+1) = \theta_x(t) - \eta \cdot \sum_n \delta_{nx} \tag{2-51}
$$

式中：$W_{xy}(t)$ 表示前馈网络中任意相邻两层中两节点 x、y 之间的

连接权在第 t 次的迭代值；$\theta_x(t)$ 则表示隐含层或输出层中某节点 x 的阈值在第 t 次迭代值。

对于输出层某节点 x 有：

$$\begin{aligned}\delta_{nx} &= (T_{nx} - O_{px}) f'(net_x) \\ &= (T_{nx} - O_{nx}) O_{nx} (1 - O_{nx})\end{aligned} \tag{2-52}$$

对于隐含层某节点 x 有：

$$\begin{aligned}\delta_{nx} &= f'(net_x) \sum_{x'} \delta_{nx'} W_{x'x} \\ &= O_{nx}(1 - O_{nx}) \sum_{x'} \delta_{px'} W_{x'x}\end{aligned} \tag{2-53}$$

式(2-53)中节点 x' 为比节点 x 高一层的某节点，对三层网络 x 为输出层某节点 k，式(2-50) ~ 式(2-53)即为权向量和阈值向量的修正公式。

由于神经网络具有高度非线性特征，在实际计算过程中式(2-50)、式(2-51)可能出现振荡，为防止此情况的发生，可在公式右端加一个冲量项，即将式(2-50)、式(2-51)变为：

$$W_{xy}(T+1) = W_{xy}(T) + \eta \sum_{n} \delta_{nx} O_{nx} + \alpha \Delta W_{xy}(T) \tag{2-54}$$

$$\theta_x(T+1) = \theta_x(T) - \eta \sum_{n} \delta_{nx} + \alpha \Delta \theta_x(T) \tag{2-55}$$

式中：$\alpha \Delta W_{xy}(T)$、$\alpha \Delta \theta_x(T)$ 为冲量项；α 为冲量因子，其取值范围为 $0 \leqslant \alpha \leqslant 1$。

以上论述多层前馈网络的误差反向传播算法，即 BP 网络的学习功能是通过上述迭代过程来实现的，所以上述迭代算法称为 BP 学习算法。

2.4.1.3 BP 学习算法中一些问题的处理

(1) 输入、输出因子规格化处理。前面介绍了 BP 学习算法，从式(2-35)和式(2-39)可看出，BP 算法的输出样本数据在采用 S 型函数条件下 O_{ni}、O_{nj} 和 O_{nk} 数值是在 0 ~ 1 变化。但是在解决实际问题中，其预报样本和期望输出值一般并不在 0 ~ 1，这样利用 S

型所得输出层的输出值与期望值之差将总是很大，因此就无法满足$\frac{1}{2}\sum_{p=1}^{p}\sum_{k=1}^{N_3}(T_{pk}-O_{pk})^2\leqslant\varepsilon$的判别条件，使训练结果达不到要求。为解决此问题，应对输入相关预报因子和预报对象进行规格化处理，其目标是将所有预报因子和预报对象均处理成其绝对值在0~1的数据，其处理方法如下：

设待预报对象Y有n个样本，即

$$Y=\{y_1,y_2,\cdots,y_n\} \tag{2-56}$$

经分析、筛选，可得每个样本对应着m个预报因子特征值，对于n个样本，其预报因子特征值矩阵为

$$x=\begin{bmatrix} x_{11} & x_{12} & \cdots & x_{1n} \\ x_{21} & x_{22} & \cdots & x_{2n} \\ \vdots & \vdots & & \vdots \\ x_{m1} & x_{m2} & \cdots & x_{mn} \end{bmatrix} \tag{2-57}$$

对预报因子与样本之间是正相关时采用标准化公式为

$$r_{ij}=\frac{x_{ij}-x_{i\min}}{x_{i\max}-x_{i\min}} \tag{2-58}$$

当预报因子与样本呈负相关时，标准化公式为

$$r_{ij}=1-\frac{x_{ij}-x_{i\min}}{x_{i\max}-x_{i\min}} \tag{2-59}$$

式中：$x_{i\min}$、$x_{i\max}$分别为n个样本第i个预报因子的最小、最大特征值。

矩阵(2-57)经标准化处理后的预报因子特征值矩阵为

$$R=\begin{bmatrix} r_{11} & r_{12} & \cdots & r_{1n} \\ r_{21} & r_{22} & \cdots & r_{2n} \\ \vdots & \vdots & & \vdots \\ r_{m1} & r_{m2} & \cdots & r_{mn} \end{bmatrix} \tag{2-60}$$

相应地预报对象特征值采用式(2-58)进行标准化处理。

设

$$a_{ij}=\frac{y_{ij}-y_{i\min}}{y_{i\max}-y_{i\min}} \tag{2-61}$$

则预报对象 Y 的样本标准化向量为

$$A=(a_1,a_2,\cdots,a_j,\cdots,a_m)^{\mathrm{T}} \tag{2-62}$$

具体进行 BP 算法计算时,首先应对输入样本进行标准化处理,然后再进行计算,而输出学习样本时还应对预测样本数据进行还原处理。

(2)对学习因子的选取与修正。学习因子的初值选择和学习过程中的修正都可能对误差收敛速度产生影响,学习因子越大,学习速度越快,但学习因子越大,其误差值波动也越大,学习因子初值应在 0~1 选择。

在计算过程中为加快训练速度,可对 η 进行如下处理:

令
$$\eta(n+1)=\alpha\eta(n) \tag{2-63}$$

当 $E(n)<E(n-1)$ 时,即下一次误差比上一次误差小时,此时误差向有利于判别条件的方向进行,可适当加快学习速度,即可取 $\alpha>1$(如 $\alpha=1.01$);反之,当 $E(n)>E(n-1)$ 时,由于此时误差向着不利于判别条件的方向进行,可适当减缓学习速度,令 $\alpha<1$(如 $\alpha=0.09$),但在采用此处理方法后又可能出现经过多次循环后,η 值非常小,使训练速度过慢的情况。因此,有必要对 η 值进行限制,例如当取值达 $\eta<0.01$ 时,对其重新赋值(例如令 $\eta=0.1$)继续进行训练,这样可有效地加快训练速度,节省训练时间。

(3)在网络进行训练开始时,需对各相邻层两两节点间给出权重初始值,该数值应在 0~1 选取,且以采用随机数为好。

以上对部分问题的处理,是笔者针对本书所进行的实际径流预报及区域地下水预报例子所得到的一点体会,是否可在其他领域应用中推广,有待今后进一步深入探讨。

2.4.1.4 BP 学习算法编程思路介绍

式(2-54)、式(2-55)给出了 BP 网络学习过程中的权重调整模型,其后给出了对学习样本(即预报因子、预报样本)的标准化处理方法。由于 BP 算法是一种复杂的逐步进行目标逼近方法,因此,其计算过程必须通过编制计算程序,由计算机来完成。根据 BP 神经网络学习算法,确定网络的连接权值,使实际输出与期望输出的误差最小,其编程求解思路为:

第一步:输入连接权向量初值、学习因子、阈值初值、给定误差精度及输入预报因子,并进行标准化处理。

第二步:用式(2-34)~式(2-39)进行正向输出计算,取得输出向量值。

第三步:进行收敛判别。若 $E = \frac{1}{n}\sum_{j=1}^{n} | T_n + O_n | \leqslant \varepsilon$($\varepsilon$ 为误差精度),则训练结束,转到第五步;否则转到第四步。

第四步:利用式(2-54)和式(2-55)修改权值,然后返回第二步。

第五步:输出训练结果。

第六步:输入未来预报因子,并根据训练权重结果进行预报对象结果预测。

具体 BP 学习算法流程图如图 2-18 所示。

2.4.2 灌区地下水位及河道径流量预报

2.4.2.1 地下水位动态预报

仍以河南省永城沱浍河灌区为例。

河南省永城沱浍河灌区位于豫东平原区,地理位置为东经 116°12′~116°28′、北纬 33°49′~34°05′,全区总面积 320 km^2,其中耕地面积 2.56 万 km^2,总人口 30.59 万人。

该区主要作物为冬小麦、夏玉米、棉花及油料。粮食单产 3 600 kg/hm^{2}左右。

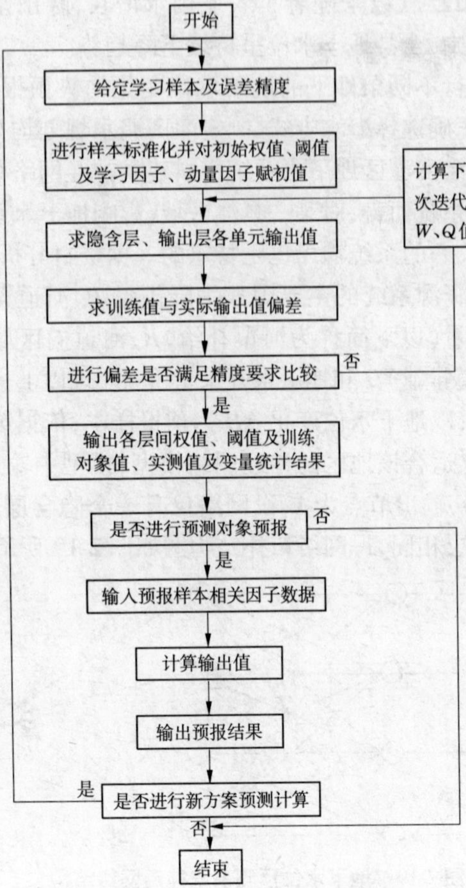

图 2-18　BP 学习算法流程图

该区多年平均降水量为 807.9 mm，年均蒸发量 1 088.2 mm（E601 型蒸发器），年均入境水量 0.108 亿 m^3。全区潜水含水层深度在 60 m 左右，含水层厚度为 10～30 m。地下水矿化度小于 2 g/L，均为宜井地区。全区内浅层承压水埋深在 60～170 m，矿化度小于2 g/L。该区内分为两大水系，即沱河水系和浍河水系。

20 世纪 80 年代以来随着工农业用水增长,降雨量变化和上游河流量的减少,全县地下水位呈持续下降趋势。

正确地进行不同条件下的地下水位变化趋势预报,对于合理开采地下水、正确选择灌水方式、制定灌区调水规划均具有重要意义。现采用沱浍河灌区地下水系统资料建立神经网络模型。

就地下水系统而言,对某一具体区域,影响地下水系统的因素是特定的,所关心的系统输出也是特定的。据资料分析可知,影响该地区地下水资源系统的主要因素为降雨量 P、河道渠系对地下水的渗漏补给量(以下简称为河渠补给)R、河道向区域以外排泄水量(简称河道排泄)D 和地下水开采量 W 等,现以上述 4 个因子作为预报因子,以地下水位变化 ΔH 为预报样本,依据第二节所述建模过程,建立适合该地区的神经网络模型,模型中输入因子(即输入节点)为 4,输出节点为 1,设网络仅有一个隐含层,且隐含层节点数与输入层相同,得网络拓扑结构图如图 2-19 所示。

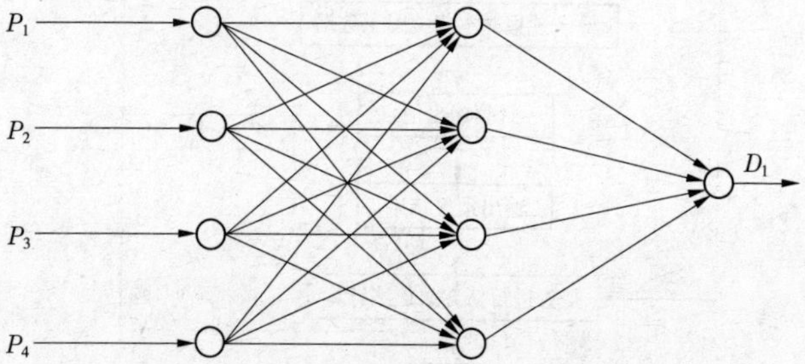

图 2-19　地下水位预测系统神经网络结构

图中 $P_1 = P$、$P_2 = R$、$P_3 = D$、$P_4 = W$、$D_1 = \Delta H$

现以该县 1981 ~ 1994 年 14 年的实测序列资料作为样本进行训练 ,然后对 1995 ~ 1998 年 4 年资料进行预测检验。计算中,首先用式(2-58)、式(2-59)、式(2-61)对训练样本的输入值(即预报因子)和输出值(地下水位变幅 ΔH)进行规格化处理。

训练样本及预测因子基本资料见表 2-9。

表 2-9　模型训练样本资料

项目	年份	降雨量 P(mm)	河道补给量 R(万 m^3)	沟道排泄量 (万 m^3)	地下水开采量 (万 m^3)	地下水位变化 (m)
训练样本资料	1981	976.8	0.815	2783	176	-0.23
	1982	946.4	0.733	1727	302	-0.11
	1983	957.7	0.683	2094	361	0.21
	1984	810.2	0.692	1415	741	0.43
	1985	916.9	0.718	1550	847	0.29
	1986	657.7	0.403	831	1 954	0.71
	1987	781.6	0.709	767	1 654	0.37
	1988	496.2	0.289	207	2 086	0.65
	1989	887.3	0.647	815	2 051	0.13
	1990	879.5	0.688	931	1 676	0.18
	1991	781.2	0.589	849	2 045	0.27
	1992	858.9	0.454	421	2 202	0.44
	1993	635.8	0.463	200	2 120	0.43
	1994	789.6	0.565	263	2 205	0.40
校核样本资料	1995	702.4	0.536	163	2 861	0.41
	1996	824.2	0.411	196	2 628	0.31
	1997	693.0	0.460	124	2 955	0.35
	1998	794.4	0.376	290	3 266	0.37

经分析,以上 4 个预报因子中降雨量、河渠补给量与地下水位差值呈负相关;区域沟渠排泄水量和地下水开采量与地下水位呈正相关,故采用相应计算公式求得。

输入样本和输出样本规格化矩阵向量分别为

$$
\boldsymbol{R}=\begin{bmatrix}
0 & 0.030 & 0.040 & 0.347 & 0.125 & 0.664 & 0.406 & 1 & 0.186 & 0.202 & 0.407 & 0.245 & 0.710 & 0.390 \\
0 & 0.160 & 0.291 & 0.240 & 0.184 & 0.783 & 0.202 & 1 & 0.319 & 0.241 & 0.430 & 0.686 & 0.669 & 0.475 \\
1 & 0.591 & 0.733 & 0.470 & 0.523 & 0.244 & 0.220 & 0.003 & 0.238 & 0.238 & 0.251 & 0.086 & 0 & 0.024 \\
0 & 0.062 & 0.091 & 0.278 & 0.331 & 0.876 & 0.728 & 0.941 & 0.924 & 0.739 & 0.921 & 0.998 & 0.958 & 1
\end{bmatrix}
$$

$$\boldsymbol{Y}=[0\quad 0.126\quad 0.68\quad 0.702\quad 0.553\quad 1\quad 0.638\quad 0.936\quad 0.383\quad 0.436\quad 0.532\quad 0.713\quad 0.702\quad 0.67]$$

取训练精度 $\varepsilon=0.11$,并对初始权值用 0 ~ 1 之间随机数进行输入,并取 $\alpha_0=\eta_0=0.5$。

根据前面所述训练方法与步骤,求出当训练值误差 $E\leqslant\varepsilon$ 时输入层与隐含层、隐含层与输出层的连接权值矩阵和向量分别为

$$\boldsymbol{W}_{IJ}=\begin{bmatrix}4.532 & -1.014 & 3.514 & 0.382\\ 4.211 & -6.256 & -4.836 & 3.130\\ -4.456 & -6.310 & 0.903 & -3.211\\ -4.465 & 6.342 & -10.768 & -2.100\end{bmatrix}\quad \boldsymbol{W}_{JK}=\begin{bmatrix}5.855\\ -6.314\\ -9.562\\ -3.609\end{bmatrix}$$

隐含层　$\theta_1=-2.241$　$\theta_2=-3.249$　$\theta_3=-0.957$　$\theta_4=1.187$

输出层　$\theta_1=-2.241$

模型训练结果见表 2-10。

表 2-10　模型训练结果

年份	训练预报值(m)	实测值(m)	相对误差(%)
1981	-0.227	-0.23	-1.256
1982	-0.111	-0.11	1.297
1983	0.210	0.21	0.031
1984	0.432	0.43	0.722
1985	0.289	0.29	0.151
1986	0.695	0.71	-0.216
1987	0.361	0.37	-0.222
1988	0.657	0.65	1.177
1989	0.129	0.13	1.127
1990	0.183	0.18	1.394
1991	0.297	0.27	4.198
1992	0.436	0.44	-0.883
1993	0.418	0.43	-2.459
1994	0.393	0.40	-1.710

从表 2-10 结果可以看出，训练精度最大相对误差在 10% 以下，说明结果精度较高，可满足要求。

在求出连接权值之后，用其结果对后 4 年资料进行预报检验，检验结果见表 2-11。

表 2-11 预报检验结果

样本序号	年份	预报值(m)	实测值(m)	相对误差(%)
15	1995	0.460	0.41	1.1
16	1996	0.396	0.32	15.3
17	1997	0.388	0.35	10.8
18	1998	0.187	0.22	15.0

从预报结果来看，预报值与实测值最大相对误差不到 15%，所有结果从定性上都是一致的，说明利用 BP 神经网络训练方法可以进行地下水位动态预报。

以上训练方法的计算过程是通过采用 Fortran 语言编制计算程序来完成的，模型训练次数 31 763 次，该计算程序被放置在灌溉专家系统软件子程序模块内。

利用上述软件，还作了河流年径流量预报。

2.4.2.2 典型河流年径流量预报

采用文献基本资料。

新疆伊犁河雅马渡站有 23 年实测径流资料和其相应的前期 4 个预报因子实测数据，具体列于表 2-12，预报因子 x_1(mm)为前一年 11 月至当年 3 月伊犁气象站的总降水量；预报因子 x_2 为前一年 8 月欧亚地区月平均纬向径流量指数；预报因子 x_3 为前一年 5 月欧亚地区月平均经向径流量指数；预报因子 x_4 为前一年 6 月 2 800 MHz 太阳射电流量；现将 20 年资料作为预报模型训练样本，用后 3 年资料进行检验。

表 2-12　年径流量与前期预报值

样本序号 j	x_1(mm)	x_2	x_3	x_4	年径流 y (亿 m^3)
1	114. 5	1. 10	0. 71	85	109
2	132. 4	0. 97	0. 54	73	129
3	103. 5	0. 96	0. 66	67	121
4	179. 3	0. 88	0. 59	89	141
5	92. 7	1. 15	0. 44	154	95
6	115. 0	0. 74	0. 65	252	143
7	163. 6	0. 85	0. 58	220	156
8	139. 5	0. 70	0. 59	217	151
9	76. 7	0. 95	0. 51	162	108
10	42. 1	1. 08	0. 47	110	103
11	77. 8	1. 19	0. 57	91	115
12	100. 6	0. 82	0. 59	83	144
13	55. 3	0. 96	0. 4	69	95
14	152. 1	1. 04	0. 49	77	137
15	81. 0	1. 08	0. 54	96	106
16	29. 8	0. 83	0. 49	120	91
17	248. 6	0. 79	0. 5	147	152
18	64. 9	0. 59	0. 50	167	127
19	95. 7	1. 02	0. 48	160	121
20	89. 9	0. 96	0. 4	105	99
21	121. 8	0. 83	0. 6	140	126
22	78. 5	0. 89	0. 44	94	88
23	90. 0	0. 95	0. 43	89	95

经分析,在预报因子中 x_1、x_3、x_4 与预报对象 y 正相关,x_2 则与 y 负相关。

取训练精度 $\varepsilon = 0.001$,并设定初始权值,阈值为 0 ~ 1 之间随机数,取 $\alpha_0 = \eta_0 = 0.5$。同样取 BP 网络为 3 层网格,其输入层节点为 4,隐含层取与输入层相同节点数,输出层节点数为 1。

将有关数据代入计算程序中,求得输入样本和对象样本标准化矩阵分别为

$$\boldsymbol{R} = \left[\begin{matrix} 0.387 & 0.469 & 0.337 & 0.683 & 0.287 & 0.390 & 0.612 & 0.502 & 0.215 & 0.056 \\ 0.15 & 0.367 & 0.383 & 0.517 & 0.067 & 0.75 & 0.567 & 0.817 & 0.40 & 0.183 \\ 1.000 & 0.452 & 0.839 & 0.613 & 0.129 & 0.806 & 0.581 & 0.613 & 0.355 & 0.226 \\ 0.097 & 0.032 & 0.000 & 0.119 & 0.470 & 1.000 & 0.827 & 0.811 & 0.514 & 0.232 \end{matrix}\right.$$

$$\left.\begin{matrix} 0.22 & 0.324 & 0.117 & 0.559 & 0.234 & 0.0 & 1.00 & 0.16 & 0.301 & 0.275 \\ 0 & 0.617 & 0.383 & 0.25 & 0.183 & 0.6 & 0.667 & 1 & 0.283 & 0.383 \\ 0.548 & 0.613 & 0.000 & 0.290 & 0.452 & 0.290 & 0.323 & 0.344 & 0.281 & 0 \\ 0.130 & 0.860 & 0.011 & 0.054 & 0.157 & 0.286 & 0.432 & 0.491 & 0.497 & 0.143 \end{matrix}\right]$$

$$\boldsymbol{Y} = [0.277 \quad 0.587 \quad 0.466 \quad 0.762 \quad 0.053 \quad 0.796 \quad 1.0 \quad 0.917 \quad 0.252 \quad 0.179$$
$$0.364 \quad 0.810 \quad 0.053 \quad 0.699 \quad 0.228 \quad 0.0 \quad 0.942 \quad 0.554 \quad 0.462 \quad 0.140]$$

求得输入层和隐含层,隐含层和输出层最终权值矩阵分别为

$$\boldsymbol{W}_{IJ} = \begin{bmatrix} 1.071 & 5.522 & 0.411 & -1.553 \\ -1.446 & -7.996 & 6.118 & 5.959 \\ -13.360 & -4.222 & 6.733 & 3.920 \\ -4.821 & 6.390 & -8.638 & 0.704 \end{bmatrix} \qquad \boldsymbol{W}_{JK} = \begin{bmatrix} 7.566 \\ 8.150 \\ -7.444 \\ 2.808 \end{bmatrix}$$

隐含层　$\theta_1 = -4.028$　$\theta_2 = 2.261$　$\theta_3 = -0.040$　$\theta_4 = -7.008$

输出层　$\theta_1 = -4.208$

模型训练结果如表 2-13 所示。

表 2-13　模型训练结果

序号	训练预报值（亿 m^3）	实测值（亿 m^3）	相对误差（%）
1	110. 23	109	1. 132
2	128. 46	129	0. 416
3	120. 49	121	0. 420
4	141. 46	141	0. 324
5	96. 49	95	1. 565
6	143. 08	143	0. 055
7	153. 87	156	1. 364
8	151. 02	151	0. 011
9	109. 06	108	0. 980
10	101. 76	103	1. 208
11	115. 17	115	1. 464
12	144. 25	144	0. 177
13	93. 39	95	1. 695
14	137. 29	137	0. 215
15	105. 58	106	0. 397
16	91. 62	91	0. 682
17	151. 59	152	0. 267
18	126. 93	127	0. 051
19	120. 23	121	0. 063
20	100. 06	99	1. 069

从表 2-13 预报结果可看出训练精度很高，完全可满足精度要求。利用训练模型的初始权值，用最后 3 年的资料对模型进行预

报检验,其结果如表2-14所示。

表2-14　预报检验结果

样本序号	训练预报值(亿 m^3)	实测值(亿 m^3)	相对误差(%)
21	138.24	126	9.71
22	95.66	88	8.7
23	99.32	95	4.55

从预报结果可见,预报值与实测值非常接近,预报检验精度很高,完全可满足中长期河道径流预报所要求达到的精度。

2.4.2.3　计算成果分析

从以上两个应用实例可看出,应用神经网络算法进行水文水资源领域不同对象的预测、预报,只要相关因子选择正确,其计算结果精度是较高的,预测结果一般也是可以满足工程要求的。从两个应用实例预测结果也可看出,地下水位预测误差大于河道径流量预测结果。经分析其主要原因是,地下水位预测原数据系列较短,所以相对模型精度要受一定影响。另外,就地下水位而言,除以上影响因素外,还有其他一些因素,例如相同地下水开采条件下,由于近年来采用节水灌溉技术,所以对地下水的回补量明显减少,尤其是近年来工业用水量和地上截水建筑物的修建,以及作物产量的提高对总体水资源利用、消耗情况都产生了一定影响。还有一些影响因素,例如潜水蒸发量,20世纪80年代初对地下水位有较大影响。而近年来随着地下水位的降低,影响力越来越弱,此次分析计算中,并未将水面蒸发量列入到影响因素中。地下水位的逐年降低也使得地下水在含水层与土壤计划湿润层之间的含水量有一定的变化,进而使得在相同补给和排泄条件下,地下水位的变幅也将有所不同,此多种原因造成了预测未来结果的相对误差略大一些。

河道流量预测由于各种边界条件随时间变化较小,故利用样本训练所得权值进行未来预测检验相对精度较高。

以上分析结果也说明,利用BP网络技术进行水文水资源预测对于预测因子和对象随时间变化不大的对象预测结果精度较高。若预测因子和对象随时间变化都较明显,则应将时间因子加入其中,否则可能使预测结果精度受到影响。

2.4.3 对 BP 算法中隐含节点数选择的初步研究

在计算过程中,受研究经验影响,在 BP 神经网络的节点布置中,笔者进行了隐含层节点数多于、等于和少于输入节点数研究,即分别取隐含层节点数为 2、3、4、5、6、8 等 6 种方案的样本学习计算,在两个例子的计算中,从计算精度和迭代次数两方面对结果进行分析,都是以取隐含层节点数与输入层节点数相同,其计算结果较好。

但此结论是否具备普遍的推广意义,还有待于深入的、多方面的验证。

在应用人工神经网络时,要一下子直观选择出合适的隐含层节点是比较困难的,取点较少不能保证网络的计算精度,取点过多则将增加网络中连接权的数量,还给网络的学习带来困难,Dagi Gan (1996 年)通过统计分析的方法,给出了大致确定隐含层神经元数目的统计公式,并提出了比较好的方法:在网络的学习初期,选取数目比较多的节点数,在学习过程中,再不断压缩隐含层神经元数,以达到优化选择网络中隐含层神经元数的目的。其方法之一为首先针对所解决的实际问题确定网络输入层的神经元数,并取数目较多的网络隐含层节点数。在网络进行将隐含层各神经元的输出数据按照序号排序,生成有序序列数据。按照相关分析的方法或是灰色关联分析的方法,进行隐含层神经元两两之间的相关分析。当隐含层某两个神经元的相关系数值大于某一常数时(一般为 0.85 ~0.95),说明这两个隐含层神经元的输出规律非常接近,可以将这两个神经元合并为新的神经元,合并以后的新神经元与输入层神经元的连接权值可以取原两个神经元中的某一个神经元与输入层神经元的连接权,新神经元与输出层神经元的连接权值可以近似取原两个神经元与输出层神经元的连接权的和。这样，就可以通过合并的方式压缩隐含层部分神经元。其方法之二，在初次网络学习结束后，计算隐含层各节点 i 与输入层各神经元的连接权 W_{ij} 的 2 次范数的方根 S_i，其计算公式为

$$S_i = \sqrt{\sum_{j=1}^{n} W_{ij}^2} \tag{2-64}$$

由式(2-35)、式(2-37)可以看出，当 S_i 值较小时，说明神经元 I 的输入值很小，经 Sigmoid 函数作用以后，相应输出值 O_i 也很小。此结果说明，该神经元在网络中舍弃部分神经元的方法为：首先计算 S_i 的和并求出各 S_i 的相对值 R_i，即求出

$$R_i = S_i\left(\sum_{i=1}^{m} S_i\right)^{-1} \tag{2-65}$$

然后按照 R_i 的大小排序，并从大到小累加，当累加值大于某一常数，如大于 95% 时，就舍弃没参与累加的 R_i 相应的隐含层神经元，这样得到的网络虽然减少了隐含层神经元数，但仍保存有网络的主要结构，为了进一步提高网络的计算精度，可以对优化以后的网络继续进行学习。

以上分析尚属初步成果，受时间关系所进行的应用实例检验计算过程中隐含层节点数变化方案太少，其结果尚不能代表所有情况，此项工作有待于今后继续进行。

2.5 时间序列模型在水文及地下水预报中的应用研究

2.5.1 季节性自回归模型

对于水文序列和地下水序列（如降雨、径流、蒸发、地下水位等），含有明显的周期性规律，往往是由季节变化所引起的，所以称之为季节性序列。对于这类序列一般要弄清两个问题，一是季节之间的统计规律，二是季节之内的统计规律。例如降雨，一般以

年为周期,年际之间是平稳序列,年内之间是非平稳序列。设季节为 s,从某任一时刻 t 开始,考察季节之间序列 $Z_t Z_{t+s} Z_{t+2s}$、…、Z_{t+ms},显然它们为平稳序列,对平稳序列$\{Z_{t+ks}\}$建模,由于序列间隔相隔 s 步,故有

$$\Phi(B^s)Z_t = \Theta(B^s)A_t \tag{2-66}$$

其中

$$\Phi(B^s) = 1 - \Phi_1 B^s - \cdots - \Phi_p B^{ps}$$

$$\Theta(B^s) = 1 - \Theta_1 B^s - \cdots - \Theta_q B^{qs}$$

对$\{A_t\}$在相隔 s 步时是白噪声序列,而相隔小于 s 步时是相关的,故对$\{A_t\}$再建立 ARMA(p,q)模型即

$$\varphi(B)A_t = \theta(B)a_t \tag{2-67}$$

得

$$A_t = \varphi^{-1}(B)\theta(B)a_t$$

代入式(2-66)得 $\varphi(B)\Phi(B^s)Z_t = \Theta(B^s)\theta(B)a_t$

从而有

$$\Phi(B^s)Z_t = \Theta(B^s)\varphi^{-1}(B)\theta(B)a_t \tag{2-68}$$

其中

$$\varphi(B) = 1 - \varphi_1 B - \varphi_2 B^2 - \cdots - \varphi_p B^p$$

$$\theta(B) = 1 - \theta_1 B - \theta_2 B^2 - \cdots - \theta_q B^q$$

此即季节为 s 的季节性模型,简记为$(p,q)\times(P,Q)_s$。

可计算得

$$\varphi(B)\Phi(B^s) = 1 - \varphi_1 B - \cdots - \varphi_p B^p - \Phi_1 B^s + \varphi_1 \Phi_1 B^{s+1} + \cdots + \varphi_p \Phi_1 B^{s+p} - \cdots - \Phi_p B^{ps} + \varphi_1 \Phi_p B^{ps+1} + \cdots + \varphi_p \Phi_p B^{ps+p} \tag{2-69}$$

$$\theta(B)\Theta(B^s) = 1 - \theta_1 B - \cdots - \theta_q B^q - \Theta_1 B^s + \theta_1 \Theta_1 B^{s+1} + \cdots + \theta_Q \Theta_1 B^{s+q} - \cdots - \Theta_Q B^{Qs} + \theta_1 \Theta_Q B^{Qs+1} + \cdots + \theta_q \Theta_Q B^{Qs+q} \tag{2-70}$$

由此可知,季节性乘积模型$(p,q)\times(P,Q)_s$ 可以化为高阶疏系数模型 ARMA$(P\times s+p, Q\times s+q)$。对于水文序列,根据经验可取 $s=12$、$P\geqslant 1$、$p\geqslant 1$、$Q=0$、$q=0$,所以可以用自回归模型 AR$(12P+p)$对水文序列进行模拟和预测。

2.5.2 水文序列预报的一般步骤

水文序列预报的一般步骤如下：

(1)完备数据。由于原始资料不足或资料不连续，但预报理论要求资料足够多，以及数据序列是连续(等时间间隔数据)的。所以，要对数据进行必要的插补和延长。

(2)标准化数据。为消除均值的影响，用下式对原始数据序列 $X=\{x_k\}$ 进行标准化处理，即

$$y_k = x_k - \bar{x} \tag{2-71}$$

式中：$\{y_k\}$ 为标准化处理后的序列；$\bar{x}$ 为原序列均值，$\bar{x}=\frac{1}{n}\sum_{k=1}^{n}x_k$；$n$ 为数据系列长度。

(3)快速傅立叶变换(fft)滤波。对标准化后数据序列，用快速傅立叶变换滤波，步骤如下：

①对序列后延(补零)，使 $n=2^m$(n,m 为整数)。

②用傅立叶正变换 $Z=\mathrm{fft}(Y)$，得矢量序列 $\{z_j\}$($j=1,2,\cdots,1+2^{m-1}$)。

其中 $$z_j = \frac{1}{\sqrt{n}}\sum_{k=0}^{n-1} y_k \cdot \exp[i\cdot(2\pi\frac{j}{n})\cdot k],\ n = 2^m$$

③进行滤波，确定滤波阈值 α。

$$z1_j = z_j \cdot \Phi(|z_j| - \alpha) \tag{2-72}$$

其中 $$\Phi = \begin{cases} 1 & |z_j| \geqslant \alpha \\ 0 & |z_j| < \alpha \end{cases}$$

④反傅立叶变换，得滤波后数据 $Y1=\{y1_j\}$。

$$Y1 = \mathrm{ifft}(Z1) \tag{2-73}$$

其中：$$y1_k = \frac{1}{\sqrt{n}}\sum_{j=0}^{n1} z1_j \cdot \exp[-i\cdot(2\pi\frac{j}{n})\cdot k],\ n = 2^m,\ n1 = n/2$$

(4)频谱分析(周期分析)。用快速傅立叶(fft)算法计算功率谱。

故在 $\lambda_j = \dfrac{j}{n\Delta t}$ 上估计值：

$$f(\lambda_j) = \frac{2\Delta t}{n}\left|\sum_{k=0}^{n-1} y1_k \cdot \exp\left[i \cdot \left(2\pi \frac{j}{n}\right) \cdot k\right]\right|^2 = \frac{2\Delta t}{\sqrt{n}} \cdot |\,\mathrm{fft}(Y1)\,|^2 \tag{2-74}$$

其中 $j = 1, 2, \cdots, n/2$

若在某一点 j 功率谱密度存在极大值，则对应的周期 $T = (n \times \Delta t)/j$。

(5)建立预测模型。

建立 AP(p)模型：$y1_t = \varphi_1 y1_{t-1} + \cdots + \varphi_p y1_{t-p} + a_t$ (2-75)

(6)预测。

由 AR(p)得观测到 k 步为止的各步平稳预报满足如下递推式：

$$\begin{cases} \hat{y}1_k(1) = \varphi_1 y1_k + \varphi_2 y1_{k-1} + \cdots + \varphi_p y1_{k-p+1} \\ \hat{y}1_k(2) = \varphi_1 y1_k(1) + \varphi_2 y1_k + \cdots + \varphi_p y1_{k-p+2} \\ \qquad \vdots \\ \hat{y}1_k(p) = \varphi_1 \hat{y}1_k(p-1) + \cdots + \varphi_{p-1} \hat{y}1_{(1)} + \varphi_p y1_k \\ \hat{y}1_k(l) = \sum_{j=1}^{p} \varphi_j \hat{y}1_k(l-j), l > p \end{cases} \tag{2-76}$$

(7)相关分析。计算相关指数：$R^2 = 1 - \dfrac{Q}{S_{yy}}$

其中

$$Q = \sum (y1_k - \hat{y}1_k)^2$$

$$S_{yy} = \sum y1_k^2 - \frac{(\sum y1_k)^2}{n}$$

若 $R_2 \to 1$，则原给定数据的时间序列与拟合方程式高度相关。

(8)还原预测数据。添加噪声$\hat{y}_k = \hat{y}1_k + rnd(\alpha)$

式中:$rnd(\alpha)$为 0 ~ α 之间的随机数;α 为前述滤波阈值。

$$\hat{x}_k = \hat{y}_k + \bar{x}$$

$\{\hat{x}_k\}$即为所得预测数据序列。

2.5.3 实例(以沱浍河灌区为例)

根据灌区降雨资料,得标准化数据$\{y_k\}$。

经傅立叶变换和频谱分析后得功率谱图(见图 2-20)。

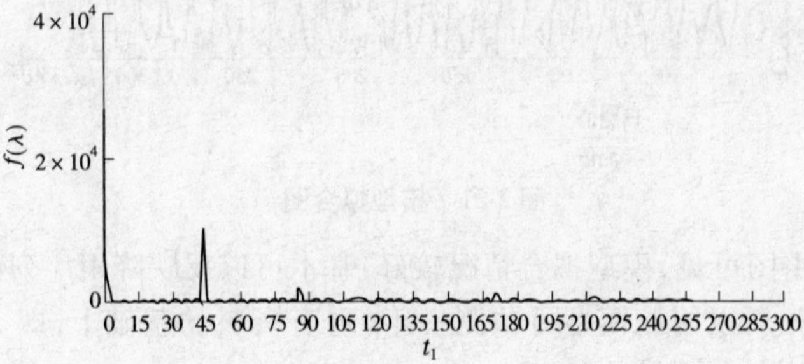

图 2-20 降雨序列功率谱图

由图可见,在 $j = 43$ 处有一个最大峰值,其他峰值较之都太小,所以主周期 $T = (n \times \Delta t)/j = 11.07 \approx 12$(月),$n$ 为补零后数据序列($n = 2^9 = 512$),可见实际观测与频谱分析完全吻合。

由以上频谱分析知,降雨资料有 12 个月的主周期,所以可建立 AR(13)模型如下:

$$\begin{aligned} y1_t = & -0.1y1_{t-1} + 0.016y1_{t-2} + 0.072y1_{t-3} + 0.007y1_{t-4} + 0.0075y1_{t-5} - \\ & 0.022y1_{t-6} - 0.036y1_{t-7} + 0.063y1_{t-8} + 0.018y1_{t-9} - 0.001y1_{t-10} + \\ & 0.31y1_{t-11} + 0.429y1_{t-12} + 0.259y1_{t-13} \end{aligned}$$

由于 $y1_{t-4}$、$y1_{t-5}$、$y1_{t-10}$的系数明显比其他项的系数小 1 ~ 2 个数量级,故在实际计算中可略去这几项,于是模型变为

$$y1_t = -0.1y1_{t-1} + 0.016y1_{t-2} + 0.072y1_{t-3} - 0.022y1_{t-6} - 0.036y1_{t-7} + 0.063y1_{t-8} + 0.018y1_{t-9} + 0.31y1_{t-11} + 0.429y1_{t-12} + 0.259y1$$

可计算得拟合模型与原数据序列的相关指数 $R = 0.674$，模型拟合情况见图 2-21。

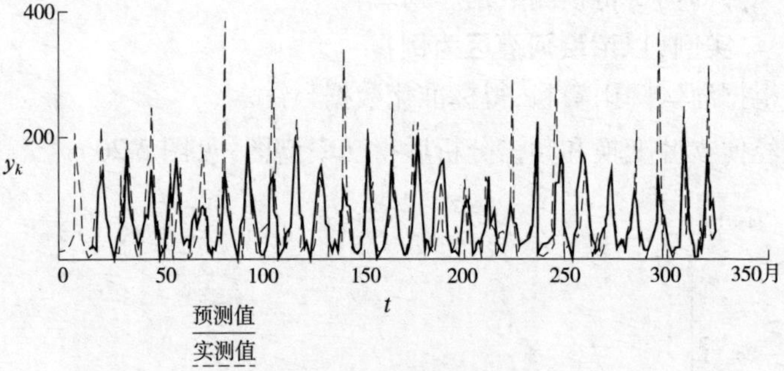

图 2-21　模型拟合图

由图可见，模型拟合情况较好，基本可以反映降雨序列的变换趋势，所以用该模型可预测一年（现有资料的基础上，即 1998 年）各月的降雨量见表 2-15。

表 2-15　预测 2000 年降雨量　　（单位：mm）

项目	1 月	2 月	3 月	4 月	5 月	6 月	7 月	8 月	9 月	10 月	11 月	12 月	合计
降雨量	20.5	6.2	23.3	41.8	40.9	21.3	122.6	154.6	96.1	32.6	49.4	46.7	656.0

同样，利用灌区径流序列资料，可以建立径流预测模型为

$$y1_t = 0.14y1_{t-1} + 0.173y1_{t-2} + 0.039y1_{t-3} - 0.148y1_{t-4} - 0.071y1_{t-5} + 0.037y1_{t-6} + 0.055y1_{t-7} - 0.016y1_{t-8} - 0.032y1_{t-9} + 0.119y1_{t-10} + 0.16y1_{t-11} + 0.074y1_{t-12} + 0.074y1_{t-13}$$

模型相关指数 $R = 0.632$。

利用灌区蒸发序列资料，可以建立蒸发预测模型为

$$y1_t = 0.301y1_{t-1} + 0.093y1_{t-2} + 0.057y1_{t-3} - 0.058y1_{t-4} - 0.111y1_{t-5} - 0.037y1_{t-6} - 0.103y1_{t-7} + 0.025y1_{t-8} + 0.115y1_{t-9} - 0.115y1_{t-10} +$$

$0.009y1_{t-11}+0.332y1_{t-12}-0.063y1_{t-13}$

模型相关指数 $R=0.621$。

利用灌区地下水动态序列资料，可以建立地下水预测模型为

$$y1_t=0.676y1_{t-1}-0.074y1_{t-2}-0.028y1_{t-3}+0.214y1_{t-4}-0.036y1_{t-5}-0.067y1_{t-6}-0.051y1_{t-7}-0.033y1_{t-8}+0.031y1_{t-9}-0.032y1_{t-10}+0.119y1_{t-11}+0.156y1_{t-12}-0.127y1_{t-13}$$

模型相关指数 $R=0.611$。

2.6 区域水资源优化理论与方法探讨

前面几节进行了区域水资源量的计算理论与方法研究。进行水资源评价的目的主要是为了对水资源进行合理开发和利用，本节将以前面几节的计算理论与方法为依据，以区域水资源开发利用总费用最小为目标，进行灌区水资源最优规划利用研究理论及方法探讨。

2.6.1 灌区需水预测方法

进行灌区用水规划除要了解区域已有可利用水资源量外，还必须进行灌区需水预测。

灌区用水主要是灌溉和人民群众生活及少量企业用水。要确定灌区未来年份的用水状况，可以通过两条途径进行。

(1)一般灌区的用水状况都与该区域农业总产值和人口的增长有密切关系，所以可以建立灌区用水量与工农业总产值和人口之间的多元回归方程。对编制的多元线性回归程序，给一系列数据文件即可生成灌区用水量与工农业总产值和人口之间的二元回归方程。再根据当地的农业发展规划以及人口增长控制政策即可预测指定年份灌区用水总量。

(2)利用灌区用水序列资料，根据灌区用水发展趋势，建立皮尔生长曲线预测模型，此模型也可预测指定年份灌用水总量。

2.6.1.1 二元线性回归预测模型

有灌区年用水序列$\{y_i\}$、人口$\{x_{1i}\}$、工农业年产值$\{x_{2i}\}$三组数据(n年),对其做二元线性相关分析。

设y及x_1、x_2两个自变量满足如下线性关系式

$$y = a_1 + a_2x_1 + a_3x_2$$

根据最小二乘原理,为使误差平方和

$$q = \sum_{i=1}^{n} [y_i - (a_1 + a_2x_{1i} + a_3x_{2i})]^2 \tag{2-77}$$

达到最小,即可求得回归系数a_1、a_2、a_3。

2.6.1.2 皮尔生长曲线预测模型

灌区用水与当地技术经济条件密切相关,随时间增加而不断增加,最终趋于一个极限值,皮尔生长曲线能够拟合这种情况,其曲线如图2-22所示。

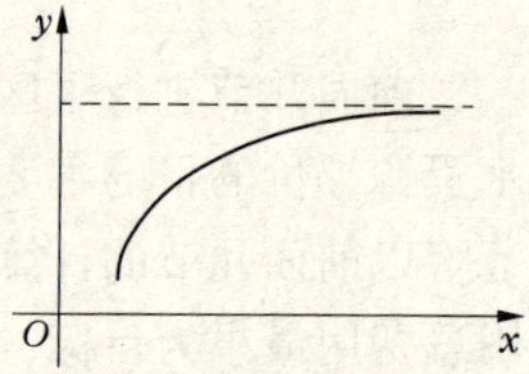

图2-22 皮尔生长曲线

皮尔生长曲线一般形式为

$$y = \frac{k}{1 + be^{-ax}} \quad a > 0, b > 0 \tag{2-78}$$

式中:a、b、k为3个参数。

有灌区用水序列$\{y_i\}$及相应的时间$\{x_i\}$,则a、b、k可利用SAS软件的曲线拟合求得。

上述两种模型均可用于需水预测,当缺乏工农业产值或人口序列数据时可采用皮尔生长曲线进行模拟预测;当数据比较充分时,两种方法可同时使用,以便相互校验。

2.6.2 灌区水资源最优规划

在对灌区水资源量作出正确的评价及对用水作出准确预测的前提下,如何有效地利用地表水和合理开采地下水,使灌区用水费用最小,且不出现任何水文地质环境问题。

本节将针对上节用水问题,建立灌区水资源优化利用数学模

型，并给出求解方法及步骤，编制计算程序，以供实际应用。

2.6.2.1 水资源优化利用数学模型

1. 问题与假设

建立灌区水资源优化利用数学模型，主要问题是针对灌区需水情况，如何分配使用地表水和地下水，使总费用最小，且又能控制地下水位（不发生永久性地下水超采、土壤次生盐碱化等现象）。

根据灌区的一般情况以及为建模、求解计算的方便，作如下处理：

(1)进行年度用水最优规划，以月为计算时段。

(2)规划年度内各月地表水可利用量、地下水可开采量以及灌区月需水量均已知。

(3)模型中各参数、技术经济指标已知或是可求的。

(4)初始时段地下水位处于正常状态，即 $h_m \geqslant h_0 \geqslant h_c$，其中 h_m 地下水位上限值，以不发生土壤次生盐碱化为标准；h_c 地下水位的下限值，以不发生限制条件以外挖超采现象为标准。

(5)灌区用水均按农业灌溉用水估算。

2. 分析建模

模型包括决策变量、目标向量以及相应的约束方程、边界条件、模型的适用条件等。

1)决策变量

地表水、地下水的联合系统中，灌溉需水量一般由多种水源供水来满足。要实现多种水源供水的最优分配，其决策变量应为各种水源的供水量，即地表水供水量 x_t、地下水供水量 y_t。地表水、地下水供水过程可看成是一个连续的动态过程，决策变量的大小随时间在不断变化。在计算中，将这个连续的动态过程按灌溉要求离散为若干时段，每时段都要作出决策。

2)目标函数

目标函数一般采用经济量和物理量来表达，其建立过程是基于一定准则的。对灌区而言可建立如下目标函数。

灌区的年引水费用最小(费用目标),即

$$F = \min \sum_{t=1}^{T} [f(x_t) + g(y_t)] \tag{2-79}$$

式中:F 为年引水总费用;T 为时段数;$f(x_t)$、$g(y_t)$分别为地表水、地下水的引水费用函数,$f(x_t)$、$g(y_t)$具体选取什么样的形式,可进行回归统计分析,得出最佳拟合曲线,从而确定$f(x_t)$、$g(y_t)$。

3)状态转移方程

由于联合运用系统的优化过程是一个动态过程,每个时段运行都存在着若干状态,描述整个过程状态的变量即为状态变量。对本书所讨论的联合系统,其状态变量就是时段末地下水位 h_t,地下水位连续方程即为状态转移方程,它反映系统状态转移规律。

$$h_t = h_{t-1} + \Delta h_t \quad t = 1, 2, \cdots, T \tag{2-80}$$

式中:h_t 为时段末地下水位;h_{t-1}为时段初地下水位;Δh_t 为该时段水位变幅。

4)约束条件

(1)需水量约束:

$$\eta_1 x_t + \eta_2 y_t \geqslant P_t \tag{2-81}$$

式中:P_t 为 t 时段灌区需水量;η_1、η_2 分别为地表水、地下水利用系数。

(2)可供水量约束:

$$x_t \leqslant X_t, y_t \leqslant Y_t \tag{2-82}$$

式中:X_t、Y_t 分别为 t 时段地表水、地下水可利用水量。

(3)供水能力约束:

$$x_t \leqslant XP_t, y_t \leqslant YP_t \tag{2-83}$$

式中:XP_t、YP_t 分别为 t 时段地表水、地下水提水设备的提水能力。

(4)年调节约束:

$$\sum_{t=1}^{T} x_t \leqslant \sum_{t=1}^{T} X_t + \Delta XQ \quad (2\text{-}84)$$

$$\sum_{t=1}^{T} y_t \leqslant \sum_{t=1}^{T} Y_t + \Delta YQ \quad (2\text{-}85)$$

上两式中：ΔXQ、ΔYQ 分别表示地表水、地下水年可动用储量，以便多年调节补偿。

(5)水位约束：

$$h_{t-1} + \Delta h_t \geqslant h_c \quad (2\text{-}86)$$

$$h_{t-1} + \Delta h_t \geqslant h_m \quad (2\text{-}87)$$

(6)非负约束：

$$x_t \geqslant 0, y_t \geqslant 0 \quad (2\text{-}88)$$

5)初始条件

灌区每年年初的地下水位为已知值，$h|_{t=0} = h_0$。

综上，灌区地表水地下水联合优化利用的多目标动态规划数学模型为：

目标函数

$$F = \min\{ \sum_{t=1}^{T} [f(x_t) + f(y_t)] \} \quad (2\text{-}89)$$

状态转移方程

$$h_t = h_{t-1} + \Delta h_t \quad (2\text{-}90)$$

约束条件

$$\eta_1 x_t + \eta_1 y_t \geqslant P_t \quad (2\text{-}91)$$

$$x_t \leqslant X_t, y_t \leqslant Y_t \quad (2\text{-}92)$$

$$x_t \leqslant XP_t, y_t \leqslant YP_t \quad (2\text{-}93)$$

$$\sum_{t=1}^{T} x_t \leqslant \sum_{t=1}^{T} X_t + \Delta XQ, \sum_{t=1}^{T} y_t \leqslant \sum_{t=1}^{T} Y_t + \Delta YQ \quad (2\text{-}94)$$

$$h_{t-1} + \Delta h_t \geqslant h_c, h_{t-1} + \Delta h_t \geqslant h_m \quad (2\text{-}95)$$

$$x_t \geqslant 0, y_t \geqslant 0 \quad (2\text{-}96)$$

2.6.2.2 模型求解

1. 数据准备

利用有关论文的预测模型及计算方法，在规划年年初预测该年各月地表可利用来水量 XQ_t、地表水年初蓄水量 V_0，以及地下水可利用补给量 YQ_t、地下水年初储水量 $U_0 = \mu F h_0$（符号意义同前）,并根据当年经济发展规划,预测灌区各月需水量,数据组织形式见表2-16。

表2-16　数据准备

月份	地表水		地下水			灌区需水量
	蓄水量	可利用量	静储量	总补给量	可开采量	
1	年初库塘蓄水量 V_0	X_1	年初储水量 U_0	YQ_1	Y_1	P_1
2		X_2		YQ_2	Y_2	P_2
3		X_3		YQ_3	Y_3	P_3
4		X_4		YQ_4	Y_4	P_4
5		X_5		YQ_5	Y_5	P_5
6		X_6		YQ_6	Y_6	P_6
7		X_7		YQ_7	Y_7	P_7
8		X_8		YQ_8	Y_8	P_8
9		X_9		YQ_9	Y_9	P_9
10		X_{10}		YQ_{10}	Y_{10}	P_{10}
11		X_{11}		YQ_{11}	Y_{11}	P_{11}
12		X_{12}		YQ_{12}	Y_{12}	P_{12}

2.模型求解

式(2-89)~式(2-96)描述了灌区水资源优化利用的数学模型,由于模型目标中的费用函数是非线性的,所以该模型为非线性动态规划问题。考虑到模型的动态特性,采用逐步优化方法求解。

依据逐步优化方法的求解思想,将上述模型在时间上离散为首尾相连的12个时段($T=12$),建立各时段的优化模型。

(1)t 时段的数学模型及其求解方法。

t 时段优化时目标函数为

$$F_t = \min[f(x_t) + g(y_t)] \tag{2-97}$$

在约束条件中,存在着各时段之间的关联约束方程——地下水位连续方程:

$$h_t = h_{t-1} + \Delta h_t \tag{2-98}$$

关联变量是各时段末地下水位 h_t,即本时段末地下水位等于下时段初地下水位。关联变量 h_t 的值在求得整个系统的最优解之前并不知道其确切的值,但根据系统的基本情况,可以知道 h_t 在每个时段的上、下界,于是可将 h_t 作为约束条件。综上,可获得 t 时段优化模型如下:

目标函数 $$F_t = \min[f(x_t) + g(y_t)] \tag{2-99}$$

约束条件 $$\eta_1 x_t + \eta_2 x_t \geqslant P_t \tag{2-100}$$

当 $X_t + Y_t > P_t$(总可供水量大于总需水量)时:

$$x_t \leqslant X_t, y_t \leqslant Y_t \tag{2-101}$$

当 $X_t + Y_t < P_t$(总可供水量小于总需水量,进行年调节)时:

$$x_t \leqslant X_t + \Delta XQ_t, y_t \leqslant Y_t + \Delta XQ_t \tag{2-102}$$

$$x_t \leqslant XP_t, y_t \leqslant YP_t \tag{2-103}$$

$$x_t \geqslant 0, y_t \geqslant 0 \tag{2-104}$$

式中:ΔXQ、ΔYQ 分别为 t 时段地表水可动用储量、地下水可动用储量。

上述模型含水位约束,将其转化为水量约束,转化过程如下:

根据水均衡方程有:

$$\Delta h_t = [\beta_1 x_t + YQ_t + (\beta_2 - 1) y_t] / \mu F \tag{2-105}$$

式中:β 为灌溉回归系数;YQ_t 为该子系统 t 时段地下水总补给量;μ 为给水度;F 为计算面积;其余符号意义同上。

再根据水位连续方程,可将约束条件 $h_t \geqslant h_c$ 化为

$$\Delta h_t \geqslant h_c - h_0 - \sum_{i=0}^{t-1} \Delta h_i$$

将 $h_t \leqslant h_m$ 化为

$$\Delta h_t \geqslant h_m - h_0 - \sum_{i=0}^{t=1} \Delta h_i$$

其中 $$\Delta h_0 = 0$$

将式(2-105)代入得

$$(1-\beta_2)y_t - \beta_1 x_t \leqslant -\mu F h_c + \mu F h_0 + \sum_{i=0}^{t-1} [\beta_1 x_i + YQ_i + (\beta_2 - 1)y_i] + YQ_t \tag{2-106}$$

$$(1-\beta_2)y_t - \beta_1 x_t \geqslant -\mu F h_m + \mu F h_0 + \sum_{i=0}^{t-1} [\beta_1 x_i + YQ_i + (\beta_2 - 1)y_i] + YQ_t \tag{2-107}$$

此模型为线性规划模型，可以用单纯形法求解，t 时段末地下水位按下式求解：

$$h_t = h_0 + \sum_{i=1}^{t} \Delta h_i$$

其中 $\Delta h_i = [\beta_1 x_t + YQ_i + (\beta_2 - 1)y_t]/\mu F, t = 1, 2, \cdots, 12$。

(2)整体模型求解。

上述 t 时段模型中，从约束条件可以看出 t 时段模型的求解需要应用前 $t-1$ 个时段的求解结果，所以只要从前至后按时段依次进行最优规划计算即可得到整体最优。

依据上述模型求解过程，编制计算程序，输出计算结果，具体计算结果见专家系统软件。

第 3 章　区域水资源开发利用理论与技术研究

我国是一个农业大国，在我国水资源利用中，农业灌溉用水量 20 世纪 80 年代以前一直占总水资源量的 80% 以上。近年来，随着工业生产的发展、城市的扩大以及人民生活水平的提高，非农业用水比例逐年有所上升，但农业用水在 20 世纪 90 年代初仍占总水资源利用量的 73% 左右，仍是用水第一大户。因此，切实估计区域农业用水量，对进行水资源评价及规划，实现水资源的优化配置、利用、开发、节约、保护，均具有非常重要的意义。

3.1　用区域水量平衡法估算农业用水量

3.1.1　农业用水量定义

农业用水量为一个区域（灌区）内耕地、非耕地的腾发量总和。耕地腾发量是指传统意义上的作物需水量。非耕地腾发量是指村庄、道路、河流、荒地、草场、林木的腾发量。耕地蒸腾蒸发量为农业生产所需，非耕地蒸腾蒸发量虽与作物栽培无直接关系，却是维持良好的生态环境不可缺少的，故在水资源平衡分析中，这部分水量不可忽视。

目前农业用水量估算中，还将农村人畜用水和乡镇工业用水也计算在其中。但随着农村经济的发展，这两部分用水将日益增加，而且由于各地发展不平衡，其数量也会有显著差异，故应当区别情况单独计算。当前，农村生活水平还较低，乡镇企业也还处于起步阶段，用水量有限，其数量在农业用水量估算误差范围之内（例如：按人均耕地 0.06 hm^2，人均日耗水量 30 L，则年耗水总量为0.03×365≈11 m^3,按耕地有效利用率为0.67,则按全区域估算仅相当于水深11 mm,取农村牲畜用水与人民生活用水量相同,则二者之和仅相当于耗水深度22 mm)。故在现状条件下,大多数地方可用农业用水量代表农村用水量。

3.1.2 农业用水量估算方法

3.1.2.1 基本原理及计算公式

本书进行农业用水量研究以区域水量平衡原理为依据,计算公式如下:

$$E_N = W_L - W_Q - \Delta W \tag{3-1}$$

式中:E_N 为计算时段内区域农业用水量,mm;W_L 为计算时段内区域来水量,mm;W_Q 为计算时段内区域去水量,mm;ΔW 为计算时段内区域储水量变化量,增加取正值,减少取负值。

式(3-1)中 W_L 的计算公式如下:

$$W_L = P + W_{SR} + W_{XR} \tag{3-2}$$

式中:P 为计算时段内区域降雨量,mm;W_{SR}、W_{XR} 分别为计算时段内区域地表水和地下水流入量,mm。

W_Q 的计算公式如下:

$$W_Q = W_{SC} + W_{XC} + W_G \tag{3-3}$$

式中:W_{SC}、W_{XC} 分别为计算时段内区域地表水和地下水流出量,mm;W_G 为计算时段内区域工业净耗水量,mm。

ΔW 的计算公式如下:

$$\Delta W = \Delta W_S + \Delta W_X + \Delta W_T \tag{3-4}$$

式中:ΔW_S、ΔW_X 分别为计算时段内区域地表水和地下水储量的变化值,mm;ΔW_T 为计算时段内区域土壤水储量变化值,mm。

从上述式(3-1)~式(3-4)可以看出,只要准确地测定区域来、去水量及储水量的变化,就能得到区域农业用水量的数值。

计算过程中其时段一般以年为单位,起始时间以选择冬季为宜。

3.1.2.2 典型区域选择

水量平衡原理计算公式容易列出,应用公式进行计算的最终结果是否能得到大家的公认主要是看所选典型区域是否合理,其代表性是否得到公认。因此,典型区的选择应遵循下列原则:

(1)所选典型区必须包括各种类型灌区,且在地域特点上应包括所有研究区域。

(2)所选典型区必须是水利工程设施较全,且工程完好,灌区管理水平较高,农业生产比较先进,能合理灌溉、科学用水的灌区。

(3)农业生产水平较高,粮、棉及其他主要作物单产在当地处于中上水平。

(4)有较长系列且较完整的水文、气象、用水和地下水观测资料。

根据以上条件,典型区应选择井灌区、井渠结合灌区、科研单位设立的旱涝碱综合治理试区、水均衡试验场及部分县乡。

经过对大量灌区资料的收集、筛选和整理,最后保留了华北及黄淮海平原合计23个典型区域、24个计算区域的资料,其中山东省8处、河南省7处、河北省6处、山西省1处、北京市1处。典型区分布情况见图3-1。

对所选典型区按水源特点、灌溉方式及管理水平将其划分成4种类型:

①纯井沟、畦灌典型区;②机井提水低压管道灌溉和采用了各种节水灌溉措施灌区;③井灌为主、有少量外来水补给源典型区;④沿黄和水库下游渠灌为主、渠井结合典型区。

各类型灌区基本情况及农业用水量计算过程及结果分述如下。

1. 纯井沟、畦灌典型区

纯井灌溉典型区共有9处,多数都以县为典型区范围。各试区平均土地利用系数0.701,复种指数1.49,粮食平均产量5 380 kg/hm^2。一般试区资料年限5~8年。在成果计算中,考虑到干旱年部分农作物供水量与充分供水相差太多,故在计算中将试区内由于干旱造成产量较低的年份剔除掉。

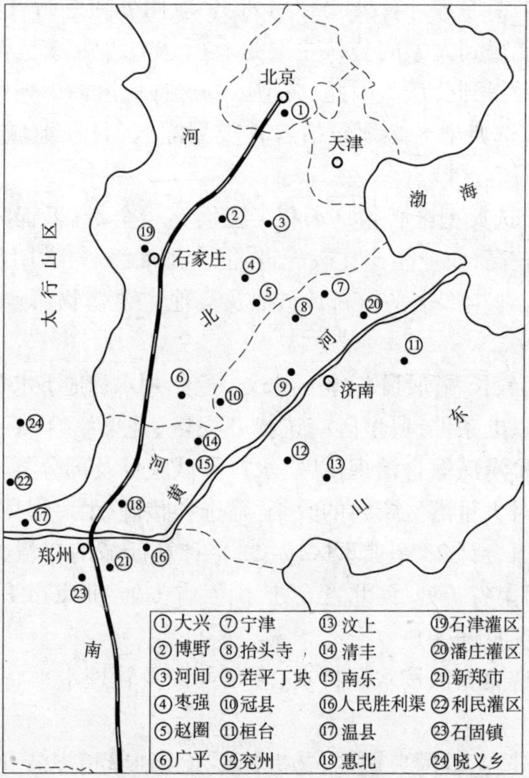

图 3-1 典型区分布示意图

计算中由于试区地形均较平缓,其地下水位坡降也都很小,侧向径流甚小,流入、流出量相抵后其差值就更小。所以,除出现大面积地下水下降漏斗区域外,地下水侧向径流量一般不予考虑。由于所选区域内工业用水量不大,且多数退水又都回归地下,其无效蒸发和工副业净耗水量之和总量也不大,故在此次分析计算中都略而不计。

据此得农业用水量计算公式如下：

$$E_N = \overline{P} + W_{SR} - W_{SC} - \mu \Delta \overline{H} \tag{3-5}$$

式中：$\overline{P}$为年均降雨量，mm；μ 为土壤给水度，该值在典型区内取值范围为0.05～0.065；$\Delta \overline{H}$为平均地下水位变幅，升高取正值，降低取负值，mm；其他符号意义同前。

纯井灌区唯一水源即为降雨，降雨直接影响到地下水位的变化，但由于降雨入渗的滞后现象，特别是地下水位埋藏较深的试区，计算年内有时不能很好地反映这一关系。因此，对井灌区计算农业用水量时，以采用多年平均值结果较为合理。为了减少降雨入渗滞后现象的影响，以取每年2～3月份作为一个水文年的计算起止时间最为适宜。

纯井灌溉典型区农业生产状况及农业用水量计算结果见表3-1。

表3-1　纯井灌溉典型区农业生产状况及农业用水量计算结果

典型试区		农业生产情况					农业用水量计算				
		试区面积（km^2）	耕地（万 hm^2）	土地利用系数	复种指数	粮食单产（kg/hm^2）	计算系列年数	年均降雨量（mm）	流出水量（mm）	地下水变化量（mm）	农业用水量（mm）
	总平均			0.701	1.49	5 380		563.9			575.3
山东	平均			0.756	1.43	6 058		623.7			622.1
	汶上县	762.3	5.76	0.756	1.43	6 058	8	623.7	0	1.6	622.1
河南	平均			0.656	1.61	5 252		544.4			560.1
	清丰县	872	5.76	0.661	1.61	5 127	8	560.3		-13.1	573.4
	南乐县	604	3.92	0.650	1.61	5 380	6	528.5		-18.2	546.7
河北	平均			0.692	1.42	4 880		523.54			543.6
	枣强县	894	6.28	0.703	1.32	5 000	7	514.4	0	-4.4	518.8
	河间县			0.705	1.49	4 983	7	533.7		-16.5	550.2
	博野县	325	2.2	0.680	1.51	4 917	5	559.0		0.1	558.9
	广平县			0.780	1.47	4 490	8	518.5		-37.2	555.7
北京	大兴县	112.6	0.67	0.592	1.28	5 156	4	492.1	(8.5)工业	-50.9	534.5

注：此类灌区农业用水量计算公式与井灌区相同。

2. 机井提水并采用低压管道灌溉和采用各种节水灌溉措施灌区

此种典型区共选用了 4 个，包括《北方井灌区吨粮节水灌溉技术体系试验研究》项目示范区山东省桓台县(1986 ~ 1998 年资料)；山西省机井管理示范区祁县晓义乡井灌区；在全国率先实现全县低压管道灌溉县河南省新郑市以及河南长葛市采用低压管道加微喷灌的石固镇两个村。

计算中所收集的资料多来自有关参考文献，有的仅有结果，有的资料不全面，但其数据均为有关部门或期刊公布的结果，具有相当的可信度。各典型灌区基本情况及农业用水量计算(统计)结果见表 3-2。

表 3-2 各典型灌区基本情况及农业用水量计算结果

项目		总平均	桓台县	晓义乡	新郑市	长葛市石固镇
农业生产情况	耕地(万 hm^2)		3.56	0.133	2.021	0.016 7
	土地利用系数		0.7		0.7	1.0
	复种指数	1.9	2		1.7	2.0
	粮食单产(kg/hm^2)	6 625	7 500		5 625	6 750
农业用水量计算	计算系列年数		12	14	8	3
	年均降雨量(mm)	539.0	500.0	356	636	641
	流出水量(mm)		44.5			
	地下水变化量(mm)		2.8	100	-20	80
	农业用水量(mm)	590.1	546.3	453	656	705

3. 井灌为主，有少量外来水补源灌区

本研究中计算时段内平均地表水引水量小于 80 mm(按全区域平均引水深度计)，但这是将有一定地表水可引的灌区均划入此类灌区。本报告选择此类典型区 5 个，各典型灌区的基本情况及农业用水量计算结果见表 3-3。

表 3-3 各典型灌区的基本情况及农业用水量计算结果

项目		总平均	山东			河南			河北	
			平均	陵县抬头寺	冠县	平均	温县	惠北试区	平均	赵圈
农业生产情况	试区面积（km^2）			9.63	1 147		463	74.1		2.8
	耕地（万 hm^2）			0.085	7.6		2.566	0.56		0.025
	土地利用系数	0.778	0.78	0.88	0.68	0.716	0.675	0.756	0.9	0.9
	复种指数	1.65	1.47	1.44	1.5	1.79	1.7	1.87	1.5	1.5
	粮食单产（kg/hm^2）	5 487	5 993	6 980	5 005	4 425	3 980	4 870	6 600	6 600
农业用水量计算	计算系列年数			4	8		4	4		1
	年均降雨量(mm)	596.9	589.7	539.3	578.1	636.6	639.5	633.7	539	539
	地表水流入量（mm）			22.8	61.38		16.3	−20		18.0
	地下水侧补量（mm）			70			48.2			45.7
	地下水储变量（mm）			−22	−8.85		−8.8	−31.3		−73
	工副业用水量(mm)						21.1			
	农业用水量(mm)	663.0	651.4	654.4	648.3	668.4	691.7	645.0	675.7	675.7

4. 沿黄和水库下游渠灌为主、渠井结合典型区

此类灌区共选择了7个，但是由于大型灌区情况复杂，灌区内各地不仅自然条件和社会经济条件不同，其用水和排水观测资料完备程度也不同。为了使分析工作的依据较充分起见，将其中的石津灌区划分成3个计算单元，潘庄灌区在将全灌区作为一个计算单元的基础上，又分别将其中的宁津县作为独立单元进行单独计算，这样独立计算单元就分成了9个。各典型区农业生产等基本情况及农业用水量计算结果可参见表3-4。

表3-4　渠井结合灌区农业用水量计算结果

项目		总平均	山东					河南	山西	河北石津			
			平均	潘庄灌区	兖州试区	丁块试区	宁津县	人民胜利渠	利民灌区	平均	三干	军齐南干	四干
农业生产情况	试区面积（km^2）			5 486	6.38	13.33	813	964.8	60.0		509.7	538.3	406.2
	耕地（万 hm^2）			39.2	0.049	0.103	5.333	6.753	0.48		3.567	3.767	2.847
	土地利用系数		0.734	0.715	0.77	0.77	0.68	0.70	0.8	0.7	0.7	0.7	0.7
	复种指数	1.60	1.57	1.4	1.9	1.28	1.70	1.70	1.5	1.633	1.7	1.6	1.6
	粮食单产（kg/hm^2）	5 367	6 036	6 134	5 645	6 445	5 345	5 921	5 500	4 246	4 756	3 924	4 058
农业用水量计算	计算系列年数			7	6	4	5	6	6		3	3	3
	年均降雨量（mm）	480.7	523.5	470.5	651.7	481.4	490.3	485.2	499.6		397	417.5	433
	地表水流入量（mm）	173	146	303	0	150	130	414.6	176.1	127.8	121.8	108.9	152.7
	地下水侧补量（mm）				155								
	地下水储变量（mm）			−1.0	1.5	11.9	−13	−1.0	−13		−85.2	−20.4	−8
	排水或工业用水量（mm）			13.3				85.2					
	农业用水量（mm）	674.2	704.8	761.2	805.2	619.5	633.3	815.6	688.7	581.5	604	546.8	593.7

3.1.3　农业用水量主要影响因素分析

农业用水量的大小与当地的气候、农作物种类、产量、土地利用系数、复种指数、灌溉制度和灌水技术等有关。各试区自然条件、农业经济水平不同，因而使农业用水量有较大差异，下面对几项主要影响因素进行分析。

3.1.3.1　作物产量对农业用水量的影响

作物的产量受农业措施、品种、肥力、气候、水分等诸多因素的影响。由于农业措施、品种、肥力等差异，导致作物生长发育状况及产量发生差异，从而水的消耗也会不同。作物产量提高，叶面系数增大，作物需水量增加。作物需水量计算公式中产量法基本公式为

$$E = KY^n$$

式中：E 为作物需水量；Y 为产量。

该式表明，在一定产量水平范围内，在土壤水分不完全满足作物需水量要求条件下，产量与需水量的关系实际上就是蒸腾面积与需水量的关系。产量增加，作物耗水量也增加。

河南、山东两省试验站实测冬小麦产量与耗水量的相关关系如图 3-2 和图 3-3 所示。

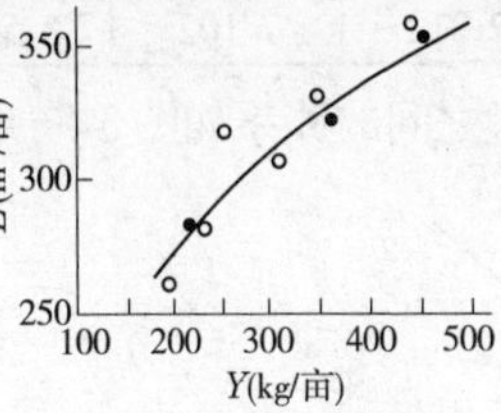

图 3-2　冬小麦产量—耗水量关系（河南）

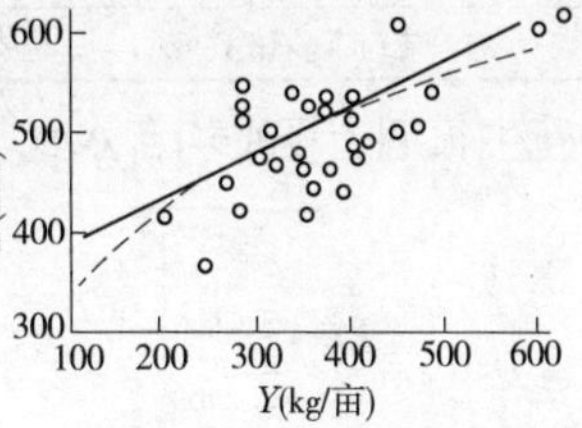

图 3-3　冬小麦产量—耗水量关系（山东）

山东省试验站夏玉米产量与耗水量的相关关系如图 3-4 所示。

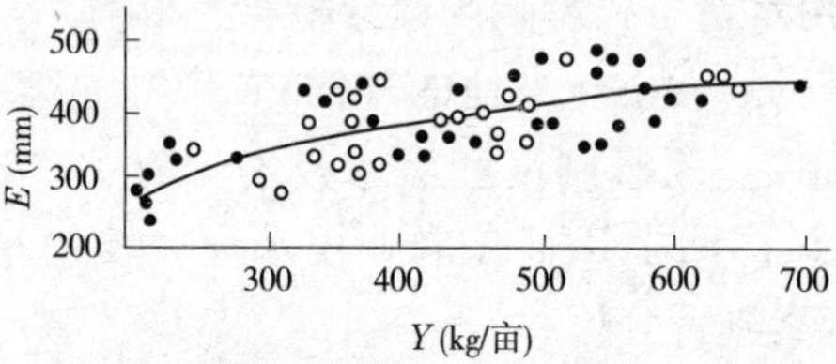

图 3-4　夏玉米产量—耗水量关系(山东)

根据上述资料,计算得冬小麦每公顷增产 750 kg,平均增加耗水量 40 mm;夏玉米每公顷增产 750 kg,平均增加耗水量 30 mm。此结果说明:对同一灌区的同一种作物,随着农作物产量增加,作物田间耗水量递增,农业用水量也增加。

3.1.3.2　灌溉制度与灌水方式对作物耗水量的影响

一般情况下,作物田间耗水量随着灌水次数的增加而增大。灌水次数多,田间土壤含水量相对增大,引起水分的耗散量增加。根据试验资料,小麦生长期土壤含水量与耗水量及产量的关系如表 3-5 所示。

表 3-5　小麦生长期耗水量与土壤平均含水量及产量关系

生长期平均土壤含水量(%) (占田间持水量的百分数)	70	62	56.3
生长期耗水量(m^3/hm^2)	4 690	4 416	3 529
产量(kg/hm^2)	7 312	7 102	5 505

棉花生长期土壤平均含水量与耗水量之间的关系如图 3-5 所示。

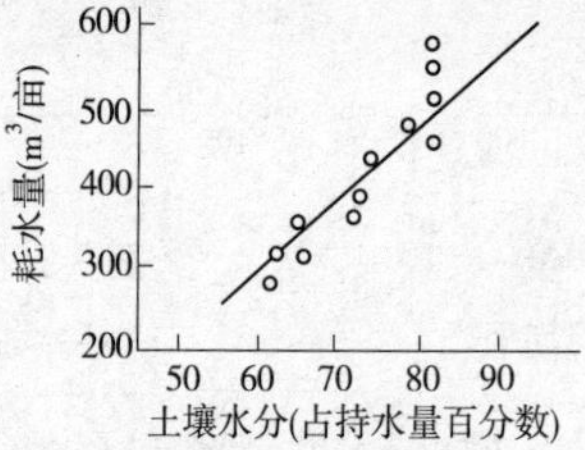

图 3-5　棉田土壤水分含量与耗水量关系(河南)

河南引黄灌溉试验站实测小麦田间耗水量与灌水次数关系如表 3-6 所示。

表 3-6　冬小麦耗水量与灌水次数关系

观测年及基本情况	灌水次数	平均耗水量(m^3/hm^2)	产量(kg/hm^2)
1961 ~ 1962 年 年降雨量 $P = 630$ mm 年蒸发量 $E_0 = 1\ 472$ mm	0	2 004	3 990
	1	2 512	4 282
	2	2 940	4 312
	3	3 525	4 357

以上资料说明，在相同条件下，灌水次数多，土壤表层含水量大，作物耗水量也大。而作物耗用水量是农业用水量的主体，所以灌水次数越多，农业用水量也越大。

3.1.3.3　降雨对农业用水量的影响

降雨量是影响农业用水量的重要因素之一。纯井灌区年降雨量与农业用水量关系如图 3-6 所示。从图中可看出，随着降雨量增大，农业用水量也增大，其主要原因是：降雨较小年份，地下水埋深大，浅表层土壤含水量较低，抑制了潜水蒸发和土壤水蒸发，故农业用水量较小；相反，降雨量较大的丰水年，农业用水量大。

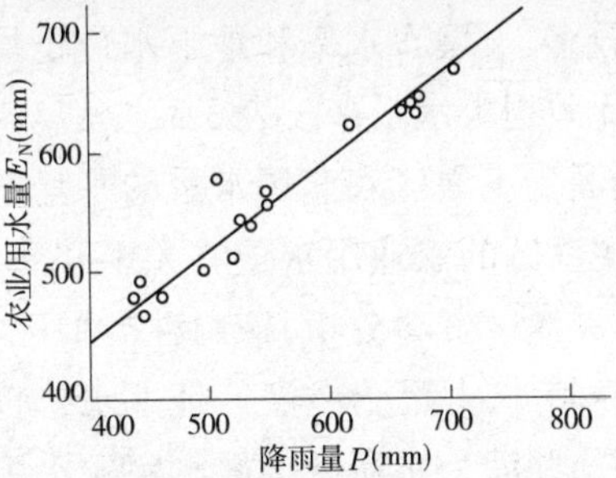

图 3-6　纯井灌区年降雨量与农业用水量关系

取部分典型区资料，进行回归得出纯井灌区降雨量与农业用水量的相关关系式为

$$E_N = 0.774P + 137.7 \tag{3-6}$$

由以上关系式可得出当 $P = 609$ mm 时，正好与农业用水量相等。在降雨量小于 609 mm 时，该年度农业用水量大于降雨量，需超采地下水，在降雨量大于 609 mm 时，则该年度降雨量大于农业用水量，将使地下水得到适当补充。

降雨历时分布对农业用水量也有影响。在降雨量相近的年份，年内降雨过分集中，增加地下水的补给，地下水位迅速抬升，潜水蒸发量将增大，并将导致农业用水量增大。据调查，桓台县 1976 年降雨 665.3 mm 与 1978 年降雨 621.5 mm 基本接近，但由于 1976 年降雨偏后，使 1976 年 8 月至 1977 年 2 月地下水位持续偏高，结果 1976 年潜水蒸发量比其他年份大出两倍，使得这一年农业用水量比多年平均值高出 46.9 mm。

3.1.3.4 灌溉技术、灌区类型及灌溉管理对农业用水量的影响

表 3-1、表 3-2 列出了共 12 个纯井典型区的农业用水量，其平均值为 582.7 mm，与表 3-3、表 3-4 农业用水量分别为 663.0 mm 和 674.2 mm 结果相比，明显偏低。经分析，造成不同类型灌区农业用水量差异的主要原因是：井渠结合灌区水源保证率高，灌水次数、灌水定额均较多，土壤含水率和地下水位也均较高，土地无效蒸发量也较大，无效损失水量多。表 3-3 与表 3-4 结果相比，是井灌为主灌区和渠灌为主灌区农业用水量的平均值相比，从表中可以看出，渠灌为主灌区的农业用水量略大于井灌为主灌区的农业用水量。据对有关灌区资料分析，该两种类型区农业用水量差距主要原因有两个：其一，井灌为主灌区地下水位普遍偏低，无效蒸发水量较少；其二，井灌为主灌区次灌水定额小于渠灌为主灌区，渠系损失水量产生的无效蒸发量也较小。

将表3-1与表3-2农业用水量相比，表3-2所选典型灌区的粮食单产明显较高。若扣除产量增加对耗水量的影响，表3-2农业用水量结果明显小于表3-2结果，该结果表现出了现代化灌水技术和现代化管理技术在灌区节水中具有非常明显的作用。同时也说明我们现状条件下各普通灌区的农业节水潜力也还是相当大的。通过对表3-1、表3-2中部分灌区之间的结果比较，还得出与以往不同的观点，就是管道灌溉（系指低压管道灌溉）与畦灌相比，其农业用水量差值在600～750 m^3/hm^2，此结果仅相当于农业用水量的6%～8%，相当于灌区灌溉水量的20%～25%，没有我们常规说的节水30%～40%那么多。

值得注意的是，山东省桓台县1988年以来，全县粮食亩产达到了吨粮田。其水分生产率从1988～1991年的1.45 kg/m^3上升到了1997～1998年的2.02 kg/m^3，已经达到了国际较先进水平。桓台县农业节水是通过实施节水措施和加强节水管理两个方面来实现的。

在实施农业节水措施方面，其主要做法是：①充分利用雨水包括广集雨水、平面截流，巧用雨水减少灌溉次数和深耕蓄水，进行土壤保墒等；②涵养水源，其主要措施包括拦洪蓄水、引水补源，多年调节，有计划干旱年对地下水超采，然后在丰水年回补，形成良性循环；③渠道防渗，减少损失；④进行节水灌溉制度研究，建立节水高产灌溉模式；⑤推广田间节水技术，进行包括短窄畦灌等地面灌节水灌溉方法研究，同时采用农艺节水措施。

在节水管理方面，其一，建立了适应农村生产责任制的节水管理技术推广体系；其二，在推广节水灌溉技术中做到“六配合”，即与各级政府配合，取得政策和财力支持；试验与生产配合，保证先进技术的推广应用；与宣传部门配合，广泛进行全民节水教育，提高群众节水自觉性；与气象部门配合，掌握气象变化，灌好关键水；

与农业部门配合，并抓好技术培训，建立完善的节水灌溉综合技术研究推广体系；与设计部门和农民配合，把技术学到手并送技术到田间、到一般农民手中。

3.1.4 其他与农业用水量有关问题分析

3.1.4.1 农业用水量的地区差别

经过对4种类型灌区的农业用水量按其地域特点进行排序比较，其结果为：典型区农业用水量山东省大于河南省，河南省大于河北省，河北省与山西、北京接近。或者说，黄河以南的大于黄河沿岸的，黄河沿岸的又大于海河平原的。此情况反映由南向北，作物复种指数、年雨量和水源保证程度逐渐降低的地带性变化规律。

3.1.4.2 非耕地耗水量估算

根据当地或邻近地区有作物田间耗水量试验资料的4个试区来分析研究非耕地的腾发量和人畜用水量的大概数值。分析方法如下：

(1)各种作物的田间耗水量乘以种植比例(种植面积/耕地面积)。其和为耕地加权平均耗水量；或简称农田耗水量。

(2)农业总用水量减去农田总耗水量，再除以非耕地面积，即可得出非耕地耗水量。可依下式计算，即

$$E_{\mathrm{f}}=\frac{E_{\mathrm{N}}S_{\mathrm{z}}-E_{\mathrm{T}}S_{\mathrm{T}}}{S_{\mathrm{z}}-S_{\mathrm{T}}}=\frac{E_{\mathrm{N}}-E_{\mathrm{T}}\eta}{1-\eta} \tag{3-7}$$

式中：E_{N}、E_{T} 分别为农业用水量和农田耗水量；S_{z}、S_{T} 分别为试区总面积和耕地面积；η 为土地利用系数，为耕地面积与总土地面积之比。

非耕地耗水量计算结果见表3-7。

表 3-7 非耕地耗水量计算结果

项目	人民胜利渠小冀试区	山东茌平县丁块试区	河南惠北试区	山东桓台试区	平均值
农业用水量 E_N(mm)	668.1	619.5	645.0	763.4	674.0
农田耗水量 E_T(mm)	(728)*	714.2	740.3	855	766.9
土地利用系数 η	0.75	0.774	0.755	0.70	0.745
非耕地耗水量 E_f(mm)	(488)	302.5	359.1	549.7	424.8
$(E_f/E_T)\times100\%$	(71.8)	42.4	48.5	64.3	56.8

注:加 * 的表示小冀试区部分种植水稻,耗水量按 11 170 m^3/hm^2 计算。

非耕地耗水量 E_f 计算结果见表 3-7。E_f 值最小为 302.5 mm,最大为 549.7 mm,平均 424.8 mm。E_f 和耕地加权平均耗水量的比值最小为 42.4%,最大为 71.8%,平均为 56.8%。

3.1.5 用作物田间耗水量加权平均法建立农业用水量计算公式研究

3.1.5.1 农业用水量计算公式主要影响因素选择及公式建立

用区域水量平衡法计算农业用水量,具有公式简单、概念明确、结果准确的特点。但此公式也有许多不足之处。其一,只能计算过去,无法预测未来;其二,所需资料较多,有的资料对一般灌区难以收集;其三,计算公式未能反映农业用水量与主要影响因素的关系。

基于以上原因,我们对影响农业用水量的主要因素进行了分类和影响因素权重分析,最后建立了以作物耗水量为主要影响因子,并考虑到土地利用状况、作物种植情况、非耕地耗水情况以及灌水技术等因素的农业用水量计算公式,其形式如下:

$$E_N = K_1K_2K_3E_T[\eta + K(1-\eta)] \tag{3-8}$$

$$E_T = \sum E_iS_i/S_T \tag{3-9}$$

式中:E_N 为农业用水量,mm;E_T 为耕地田间耗水量,是按各种作物种植面积加权平均值,mm;E_i 为第 i 种作物田间需水量(包括耕地休闲期耗水量),mm;S_i 为第 i 种作物种植面积,hm^2;S_T 为计算区域内耕地面积,hm^2;η 为土地利用系数,即耕地占总土地面积的比值;K 为非耕地蒸腾蒸发量与耕地蒸腾蒸发量的比值;K_1、K_2、K_3 分别为灌区类型、灌水技术、灌溉管理水平对农业用水量的影响修正系数。

3.1.5.2 计算公式有关系数取值范围分析

从表 3-7 结果可看出,K 值的取值范围为 0.42 ~ 0.72。一般在地下水位较高、土壤水含量较大和坑塘水面面积较大的试区取高值,建议 K 值的取值范围见表 3-8。

表 3-8 非耕地蒸腾蒸发量与耕地蒸腾蒸发量的比值取值范围

项目	地下水位								
	3 m 以下			3 ~ 2 m			2 m 以上		
坑塘面积占计算区面积百分比	>5	5 ~ 2	<2	>5	5 ~ 2	<2	>5	5 ~ 2	<2
K 值范围	0.55 ~ 0.50	0.50 ~ 0.45	0.45 ~ 0.40	0.65 ~ 0.60	0.60 ~ 0.55	0.55 ~ 0.50	0.75 ~ 0.65	0.65 ~ 0.60	0.60 ~ 0.55

本公式建立是以地面畦灌、明渠输水、渠井结合灌区、管理水平较高为基本标准,对于纯井灌区,K_1 值最小可取为 0.95;渠灌为主灌区,由于输水损失和灌水定额较大,K_1 值最大可取为 1.08。

对灌溉管理水平较高的灌区一般取 K_2 值为 1,对特殊(如采取了计算机管理、有非常完善的水费征收制度并采取了综合节水措施)的灌区,K_2 值可取 0.9 ~ 0.95。

节水灌溉技术对灌区农业用水量也有显著影响,本文仅对低压管道输水灌区农业用水量与地面输水灌区进行了初步比较,初步认为:K_3 值的取值范围对明渠输水普通畦灌区取为 1,对低压管道输水灌区可取为 0.95,对采取了窄、短畦灌溉的渠道输水灌区 K_3 可在 0.96 ~ 0.98 之间取值。若采取了综合节水措施,其 K_3 值可再降低。

3.1.5.3 公式特点及可靠性分析

本公式推求农业用水量是以灌区农作物需水量为主要影响因

子。目前,科研部门已编制了主要农作物需水量依地区分布的等值线图,依据各地主要作物种植面积百分比,即可计算出农田耗水量加权平均值,再通过对灌区其他基本数据统计、选择,即可求得计算区域农业用水量。

由于式(3-9)所采用的作物耗水量指标将取自所选典型区附近,对于不同地区同一作物其耗水量也有地区差异,所以公式中也可反映出农业用水量的地区差异。

近年来,笔者用区域水量平衡法调查分析了黄淮海平原的20余个不同典型区的农业用水量。经比较,利用典型灌区资料用区域水量平衡法的计算结果与按式(3-8)计算结果基本一致。而式(3-9)中的 E_i 如采用当地灌溉试验站各种作物丰产灌溉的需水量值,则由式(3-8)计算得到的数值在 K_1、K_2、K_3 均取1时,应认为是在畦灌、渠道输水条件下的农业用水量正常值。

为了把各灌区的实际农业用水量与正常农业用水量进行比较,取有不同代表意义的人民胜利渠灌区(代表引黄渠井结合灌区)、山东省潘庄灌区(代表渠灌为主灌区)、河北石津灌区(代表引水库水灌溉井渠结合灌区)以及山西省利民灌区(代表山间盆地引泉水灌溉为主灌区)。对典型灌区,计算正常农业用水量数值见表3-9~表3-12。并求得各灌区历年实际用水量与采用公式(3-8)计算的农业用水量的比值 α,将 α 值和该年灌区粮食单位面积平均产量 Y 汇总如表3-13所示。将 α 值和 Y 值绘制关系图如图3-7所示。

表3-9 河南人民胜利渠灌区正常农业用水量数值

项目	年份					
	1983	1984	1985	1986	1987	1988
实际用水量 $E_{实}$(mm)	890.4	830.1	692.9	723.9	887.5	768.2
农业用水量 E_N(mm)	760.8	760.8	760.8	760.8	760.8	760.8
$\alpha = E_{实}/E_N$	1.17	1.09	0.91	0.95	1.17	1.01
产量(kg/hm^2)	10 350	11 038	9 075	9 867	9 817	10 213

表 3-10　山东潘庄灌区正常农业用水量数值

项目	年份						
	1982	1983	1984	1985	1986	1987	1988
实际用水量 $E_{实}$(mm)	686. 1	798. 3	800. 0	651. 7	810. 9	856. 1	825. 1
农业用水量 E_N(mm)	643. 2	643. 2	643. 2	643. 2	643. 2	643. 2	643. 2
$\alpha = E_{实}/E_N$	1. 07	1. 24	1. 24	1. 01	1. 26	1. 33	1. 28
产量(kg/hm^2)	6 171	8 076	9 034	9 405	8 803	9 290	9 340

表 3-11　河北省石津灌区正常农业用水量数值

渠系	项目	年份		
		1987	1988	1989
三干	实际用水量 $E_{实}$(mm)	615. 98	558. 77	637. 19
	农业用水量 E_N(mm)	645. 9	645. 9	645. 9
	$\alpha = E_{实}/E_N$	0. 95	0. 87	0. 99
	产量(kg/hm^2)	7 112	8 654	8 638
军齐南干	实际用水量 $E_{实}$(mm)	579. 5	497. 9	563. 0
	农业用水量 E_N(mm)	623. 2	623. 2	623. 2
	$\alpha = E_{实}/E_N$	0. 93	0. 80	0. 90
	产量(kg/hm^2)	5 594	6 578	7 796
四干	实际用水量 $E_{实}$(mm)	605. 9	533. 3	642. 6
	农业用水量 E_N(mm)	623. 2	623. 2	623. 2
	$\alpha = E_{实}/E_N$	0. 97	0. 86	1. 03
	产量(kg/hm^2)	5 280	7 029	8 825

表 3-12　山西省利民灌区正常农业用水量数值

项目	年份			
	1987	1988	1989	1990
实际用水量 $E_{实}$(mm)	639.4	793.3	663.4	658.2
农业用水量 E_N(mm)	700.5	700.5	700.5	700.5
$\alpha = E_{实}/E_N$	0.91	1.13	0.95	0.94
产量(kg/hm^2)	6 641	8 432	9 471	7 458

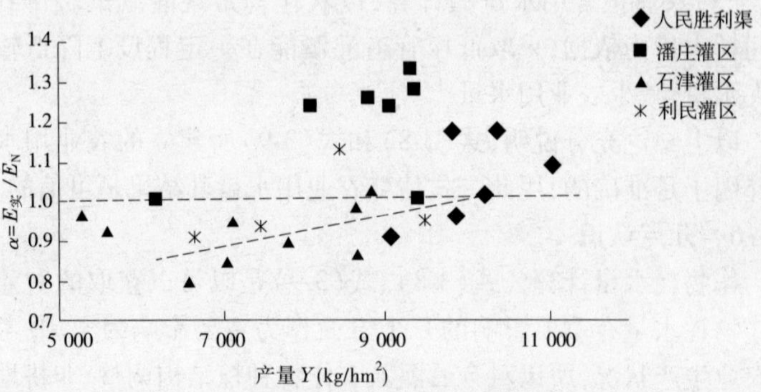

图 3-7　α 与产量 Y 散点图

从图中可看出:①当 $\alpha<1$ 时,α 与 Y 为正相关关系,表明此种情况下,用水量不足是农业生产的制约因素,增加用水量,可提高农作物产量。②当 $\alpha>1$ 时,α 与 Y 无关系可言,增加用水量,产量并不增加,却可能引起灌区地下水位的上升,从而导致涝渍灾害。在此种情况下,灌区增加的用水量主要将消耗于潜水的无效蒸发。例如,潘庄灌区与地处该灌区下游的宁津县,年单位面积粮食产量并无明显差别(分别为 9 087 kg/hm^2、9 476 kg/hm^2),但潘庄灌区年均用水量却比宁津县多 70 余 mm。通过潜水蒸发量的计算:潘庄灌区大部分区域全年平均地下水埋深不足 2 m,其潜水蒸发量为 190 mm；而宁津县全县地下水埋深全年均在 3 m 以下，潜水蒸发量接近于零。此结果可认为灌区的潜水蒸发量，有相当一部分是无效的。

通过对以上一系列研究成果分析，可以得出如下几点结论：

(1) 式(3-8)和式(3-9)是计算农业正常用水量的基本公式。

(2) 灌区农业节水的基本途径，首先应采取井渠结合的灌溉方式，减少无效的潜水蒸发量，使灌区实际用水量接近于农业正常用水量。

(3) 农业正常用水量的计算，以农作物常规灌溉试验得到的田间耗水量为依据，采取低压管道灌溉能在一定程度上降低输水损失水量，减少农业用水量。

以上结论充分说明，式(3-8)和式(3-9)所建立的农业用水量选择因子是准确的，用此二式估算农业用水量其结果是可信的。

3.1.6 几点认识

作物耗水量计算公式(3-8)、式(3-9)是以可以获取的对灌区农作物耗水量有重要影响的几个方面作为主要影响因子，并考虑了农业生产状况，所以对今后灌区农作物种植结构调整、非耕地开发利用、节水灌溉技术应用，可能对灌区农业用水量的影响都可进行预估。此特点对于未来灌区改造和进行灌区水资源评价、预测、制定灌区调水规划等均具有重要参考价值。

用区域水量平衡法分析农业用水量，进而建立以水量加权平均值为主要因子的农业用水量计算公式，其总的出发点是从宏观着眼，只考虑全区进、出水总量和区内储存水量变化的平衡差，而不考虑区内各部分水量间(地面水、地下水和土壤水等)的相互转化关系，因而可避免计算过程中的人为误差。所以，计算方法虽然简单，却可以直接反映各地农业用水量的实际数值。所不足的是，我们调查收集到的资料都是各灌区和各试区现有的资料，而这些资料并非是专门进行区域水量平衡分析观测取得的，因而精度较差。所选典型灌区数量还不多,代表性还不够全面,尤其是低压管道灌溉灌区,其典型区少,资料年限也短。同时我们所采用的各地统计部门提供的农业产量和灌区面积等资料都可能与实际情况有差距,对分析产量与用水量关系、利用作物耗水量法计算农业用水量都将产生一定影响,尽管如此,通过这些典型区的资料分析,还是得出了以下几方面的重要认识:

(1)按公式计算的农业用水量,比较恰当地反映了目前条件下具有较高产量水平的农田耗水量及具有较好生态状况的环境用水量,因而可作为计算农业用水量的基本公式。

(2)灌区实际用水量小于按公式计算的农业用水量,说明是非充分灌溉,农作物受水分不足影响产量不是最高,增加灌溉用水量可提高产量水平。

(3)灌区实际用水量大于按式(3-8)计算的农业用水量,有可能导致潜水位上升。通过潜水蒸发量的增加,使灌区水量进出趋于平衡。在这种情况下,作物的实际灌水次数虽然仍少于丰产灌溉要求的次数,但只有通过加强排水才能取得作物产量随灌溉用水量同步增加的效果,否则农作物在一定阶段将因地下水位过高使生长发育受到抑制,甚至由于发生盐碱化和渍涝而受灾。这一点和小区灌溉试验得出的产量与灌水量的关系有很大不同。

(4)农业用水量是一个综合用水指标。在当前生产条件下,以种植旱作物为主和采取节水灌溉的前提下,黄河以北海河平原的农业用水量为550~650 mm;黄河以南黄淮平原的农业用水量为650~750 mm。黄淮海平原地区缺水,但各个典型区的农业用水量与当地多年平均降雨量差值,一般仅100 mm左右,二者差距不大。在用好当地水源并采取综合节水技术的情况下,可以在相当大的程度上解决农业用水问题。

(5)各地的农业用水量及当地水源条件(折合成总面积上的平均水深)的对比关系,可以作为灌溉区划的依据,即:①农业用水量大于当地可能的供水量的地区为缺水区，需要从区外调进水补源，否则只能进行非充分灌溉；②农业用水量与当地水源供水能力相当的地方，为水资源供需平衡区，可进行充分灌溉；③农业用水量小于当地水源供水能力的地区，水源有盈余，这类地区应扩大耗水多的作物种植面积，以使当地水源得到较充分的利用，如果条件方便，还可考虑调出一部分水给缺水地区。

(6)农业用水量与当地水源条件的对比关系也可作为旱、涝、碱综合治理的重要参考指标。①农业用水量大于当地水源供水能力的灌区，这类地区农业自然灾害以干旱为主，应千方百计提高水资源利用率，减少无益损耗；②农业用水量与当地水源基本平衡区，这类地区应当做好水源的调蓄，丰水年盈余的水不应轻易排掉，以防干旱年用水的不足；③农业用水量小于当地水源供水能力的地区，水有盈余，这类地区农业的自然灾害以涝为主，但干旱季节和干旱年份也会发生供水不足的问题。所以，这类地区必须建立完善的排水系统，汛期用以排水、行洪，汛末及旱季用以调蓄水源。

(7)采用式(3-8)、式(3-9)所计算的农业用水量，是保持作物非充分供水条件下，达到较高产量的农业用水量，此值与充分供水条件下的作物需水量不同。尽管从计算结果看典型区农业用水量与当地降雨量平均仅差 100 mm 左右，但此缺水将明显造成灌区作物减产，因此采用节水灌溉措施提高水的有效利用率或从外流域调进 100 mm 左右水量，以达到作物高产需水要求，都是非常必要的。

3.2 灌区节水防盐灌排制度设计研究

我国以渠灌为主灌区，其农田灌溉用水量均是采用传统的农作物灌水定额乘以灌水次数再除以灌区水的有效利用系数方法加以确定。对盐碱化较重区，主要采取大水漫灌、以水压盐和以水冲盐的方法，将土壤耕作层内盐分下移，尤其是在沿河两岸的自流灌区，引水条件便利，水费偏低，结果造成了灌区水资源管理中的重引水、轻排水，重灌溉而忽视了盐碱化的防治。

目前我国沿黄渠灌为主的许多灌区，年均引水量为 4 500 ~ 7 500 m^3/hm^2，黄河上游的河套灌区，20 世纪 90 年代以前年引水量高达10 000 m^3/hm^2以上，近年来仍超过 8 000 m^3/hm^2。在大量引水同时，排水量则较少，一般不超过引水量的 10%，有相当部分地区在 5% 以下，结果造成灌区内大面积区域地下水位偏高，多年来地下水位一般埋深在 1.0 ~ 2.0 m，9 ~ 11 月地下水位高峰季节埋深在 1.0 m 以内，局部地区有时甚至溢出地表，变为地表水，使地表水量无效蒸发偏大并使灌区土壤发生次生盐碱化。在局部地下水为咸水区，引水过多甚至破坏了浅层地下水水质，使灌区农业生产受到严重危害，并造成了大量水资源的浪费。据调查，目前的宁夏、内蒙古引黄灌区都有不同程度的土壤次生盐碱化问题。山东位山、潘庄、打渔张等灌区，过去在灌区靠近渠首部分也都有许多次生盐碱化较严重的耕地。但近年来，由于黄河下游来水和灌区引水量都明显减少，其盐碱化问题已明显减轻。

近年来通过对包括引黄灌区在内的黄淮海平原 20 多个不同类型灌区的水资源利用状况进行分析，得出结论：真正粮、棉高产、稳产区是以井渠结合、井灌为主或渠井结合、渠灌为主，地下水位得到控制，有良好排水出路和措施的灌区，而不是有良好引水条件、完全自流灌溉的纯渠灌区。

为此，本书提出了一种全新的、以农业用水量为依据、以灌区水盐平衡为条件、考虑全灌区用水的灌排制度设计方法。

3.2.1 灌排制度设计基本理论

3.2.1.1 灌区设计方案总目标

改变形成土壤次生盐碱化的状况关键在于严格控制引水量，

保持区域内的水盐平衡。具体措施为:采用渠沟结合的灌排结构形式,以渠灌保证必需的引水量,以井灌调控地下水位,通过井排达到盐分平衡。在地下水调控中以达到既不造成土壤次生盐碱化,又使作物生长季节尽量多利用一些地下水,使机井灌排运行费用也较低的目的。同时还要尽量使地下水位在一个周年(或一个水文周期)内基本平衡。

3.2.1.2　农业用水量概念及有关公式

详见3.1。

3.2.1.3　水盐平衡原理

从水量平衡观点出发,在灌区蓄水量不变且不发生深层渗漏条件下,其水量平衡方程为

$$W_Y = W_N + W_P \tag{3-10}$$

若想保持灌区长期处于无盐分积累状态,就必须使灌区内的排盐量大于等于引水带入灌区的盐分,即

$$W_P \times C_P \geqslant W_Y \times C_Y \tag{3-11}$$

式中:W_Y、W_P 分别为区域引入和排出水量;W_N 为农业用水量中需由引水补充的水量;C_Y、C_P 分别为引入和排出区域水量平均矿化度。

联解式(3-10)、式(3-11)得

$$W_Y \geqslant W_N/(1 - C_Y/C_P) \tag{3-12}$$

为使设计区域逐渐脱盐,式(3-11)、式(3-12)中均应取大于号,现取盐分排引比为1.1:1,经推导式(3-12)变为

$$W_Y = W_N/[1 - 1.1(C_Y/C_P)] \tag{3-13}$$

3.2.1.4　水量平衡原理

根据水量平衡原理,在作物生长期内土壤计划湿润层水量计算公式为

$$W_C - E_{Nt} + P + D = W_M \tag{3-14}$$

以上公式应有 $W_{max} \geqslant W_M \geqslant W_{min}$,在 W_M 等于或接近 W_{min} 时即

应灌水,灌水后关系式变为

$$W_C - E_{Nt} + P + D + M = W_M \tag{3-15}$$

式中:W_C、W_M 分别为计算时段初、末计划湿润层土壤含水量;W_{max}、W_{min}分别为计划湿润层最适含水量上、下限;P 为计算时段内有效降雨量;D 为计算时段内地下水可利用量;M 为计算时段内的灌水量。

根据地下水平衡原理,可得平衡计算关系式:

$$\mu\Delta H = S + C - D - T \tag{3-16}$$

式中:ΔH 为时段末与时段初地下水位变幅,mm;μ 为地下水变动带土壤给水度;S 为灌水和降雨对地下水的补给量,mm;C 为地下水流入、流出量的差值,mm,在流入量大于流出量时取正值,反之取负值,在地下水位纵比降较小时可忽略不计;D 为地下水潜水蒸发量,mm;T 为地下水开采量,mm。

在应用以上公式进行灌排制度设计时,对于灌区而言,区域划分基本要求是:计算区域界限分明,来、去水量有记载或便于测算,通常应以一个灌区或一个灌(排)域为计算单元。

3.2.2 应用举例

3.2.2.1 典型区基本情况简介

内蒙古河套灌区位于巴彦淖尔盟,是我国特大型灌区之一。该灌区地处黄河上游,通过三盛公水利枢纽自黄河引水自流灌溉。

四排干域为灌区第四号排水干沟控制区域。该灌区范围呈菱形,西至黄济干渠、东至永济干渠和西干渠、南至总干渠、北至排水总干沟,总面积 6.84 万 hm^2。该区水文地质条件较好,全排域均可打井开采地下水。地下水矿化度大于 2 g/L 的区域占总面积的 20%,为不宜直接利用地下水区,其余均小于 2 g/L,可直接用于灌溉。区域内现耕地面积占区域面积的 70% 左右。

该地区多年平均降雨量为 138 mm,$P = 75\%$ 年份的降雨量为 103.9 mm,属干旱气候区。降雨对地下水基本无补充。全排域内地面坡降1/8 000～1/4 000，排水不畅。

近年来河套灌区引黄河水灌溉平均引水量为8 200 m^3/hm^2，排水量470 m^3/hm^2，占引水量的5.7%，引黄河水水质矿化度约为0.42 g/L，排出水量平均矿化度为3 g/L。按此计算四排干域现状耕地面积4.772万hm^2，年引水量约3.85亿m^3，排水0.224亿m^3，引入盐分超出排出盐分9.71万t。由于地面排水不畅，主要靠地面潜水蒸发来平衡水量，结果造成地下水位过高，土壤强烈积盐，使灌区内耕地大部分都有不同程度的盐碱化。

3.2.2.2 灌排水量计算

1. 基本资料整理

根据有关资料和经验确定设计区有关参数值：土地利用率$\eta=0.7$；非耕地耗水量值取$K=0.5$；土壤平均干容重为1.45 t/m^3；田间持水量为土壤干容重的28%；土壤给水度$\mu=0.055$；取地下水流入、流出量差值$C=0$；土壤计划湿润层按0.8 m考虑。计算得耕地计划湿润层内最适含水量上限折合水深325 mm，取最适含水量下限为0.65倍田间持水率折合水深211 mm。按非耕地各时期0～80 cm土壤含水量均等于耕地土壤适宜含水量下限，则得区域内加权平均含水量上、下限分别为$W_{max}=290.8$ mm、$W_{min}=211$ mm。

河南省水利勘测设计有限公司根据华北水利水电学院农田水利学教研室《白脑包典型区灌溉制度设计》报告提供的区域内农作物种植比例及耗水量资料，利用式(3-9)求得四排干域农田加权平均耗水量(E_T)为602.5 mm/年，将此结果及有关数据代入式(3-9)求得区域农业用水量：

$$E_N=602.5\times[0.7+0.5\times(1-0.7)]=512.1(\text{mm/年})$$

在干旱年($P=75\%$)，求得需补充净灌溉水量为512.1－103.9＝408.2(mm)。区域内各级渠道水的有效利用系数如表3-13所示。

表 3-13　各级渠道水的有效利用系数

项目	渠道级别							
	干渠	分干渠	支渠	斗渠	农渠	毛渠	田间	全系统
有效系数	0. 77	0. 825	0. 922	0. 971	0. 971	0. 971	0. 800	0. 434

地下水潜水蒸发量与地下水位埋深有直接关系，本设计以河套该灌区内的沙壕试验站潜水蒸发的观测资料为计算依据。具体数据见表 3-14。

表 3-14　沙壕试验站潜水蒸发量　　（单位：mm）

分期		埋深（m）							
		0	0. 5	1. 0	1. 5	1. 8	2. 1	2. 5	3. 0
土壤非冻结期	5 月	321	183	105	59	39	24. 5	13	8
	6 月	300	167	98	54	36	23. 0	12	7
	7 月	255	148. 5	89	50	32. 5	20	10	6
	8 月	226	125	73	39. 5	26	16	9	5
	9 月	176	96	56	31	22	14	8	4. 5
	10 月	136	71. 5	42	23	16	11	6	4
	小计	1 414	791	463	256. 5	171. 5	108. 5	58	34. 5
土壤冻结期	11 月	70. 13	42. 65	27. 16	23. 86	20. 97	19. 53	10. 77	8. 03
	12 月	36. 3	-6. 97	15. 6	7. 47	14. 38	22. 62	17. 24	9. 87
	1 月	45. 0	-1. 30	4. 25	-2. 05	-3. 39	20. 68	14. 57	16. 86
	2 月	65. 03	0. 09	-3. 14	0. 28	-1. 25	8. 08	6. 29	7. 09
	3 月	126. 3	14. 3	7. 07	11. 33	4. 93	5. 10	9. 98	1. 38
	4 月	224	80. 85	54. 38	23. 94	31. 30	6. 05	9. 70	3. 81
	小计	566. 76	129. 62	105. 32	64. 83	66. 94	82. 06	68. 55	47. 04
全年合计		1 980. 76	920. 62	568. 32	320. 85	238. 44	190. 56	126. 55	81. 54

区内农作物种植比例及耗水量参考华北水利水电学院农田水利学教研室《白脑包典型区灌溉制度设计》提供资料，见表3-15。

表3-15　农田耗水量计算

生长期		F_1T_F	春麦		玉米		甜菜		向日葵		加权平均耗水量(mm)
月份	旬别		K_C (mm/d)	E_T (mm/d)	K_C (mm/d)	E_T (mm/d)	K_C (mm/d)	E_T (mm/d)	K_C (mm/d)	E_T (mm/d)	
4月	上	2.51	0.23	0.58							
	中	3.17	0.31	0.98			0.29	0.62			
	下	2.94	0.35	1.04	0.22	0.65	0.32	0.95	0.22	0.65	
5月	上	5.32	0.45	2.39	0.23	1.22	0.35	1.86	0.26	1.38	17.2
	中	5.87	0.65	3.82	0.25	1.47	0.42	2.47	0.35	2.05	24.9
	下	5.86	0.88	5.16	0.27	1.58	0.53	3.11	0.50	2.93	32.4
6月	上	5.06	1.12	5.67	0.33	1.67	0.76	3.85	0.80	4.05	37.7
	中	5.81	1.18	6.86	0.45	2.61	0.95	5.52	1.10	6.39	51.8
	下	4.63	1.16	5.37	0.65	3.00	1.00	4.77	1.14	5.28	44.9
7月	上	4.94	1.03	5.09	0.95	4.69	1.10	5.43	1.17	5.78	51.5
	中	4.69	0.53	2.49	1.13	5.25	1.15	5.39	1.20	5.63	44.4
	下	3.80	0.25	0.95	1.18	4.48	1.19	4.52	1.20	4.65	33.4
8月	上	5.02	0.23	1.15	1.12	5.62	1.19	5.97	1.13	5.67	42.0
	中	4.64	0.23	1.07	1.0	4.64	1.18	5.48	0.7	3.25	32.7
	下	4.78	0.23	0.98	0.9	3.85	1.15	4.92	0.4	1.71	25.9
9月	上	2.78	0.23	0.64	0.78	2.17	1.13	3.14	0.23	0.64	14.7
	中	2.67	0.23	0.61	0.67	1.78	1.03	2.88	0.23	0.61	12.9
	下	2.57	0.23	0.59	0.55	1.41	1.04	2.67	0.23	0.59	11.3
10月	上	1.81					1.0	1.81			
	中	1.00									
全生长期(mm)		874.8	403.2		467.3		660.2		494.1		5~9月 477.7

注：1. 农田耗水量 $E_2 = ET_P K_C$，ET_P 为潜在需水量；

2. 各种作物的全生长期耗水量不包括休闲地耗水量；

3. 作物种植比例：春麦0.33、玉米0.33、向日葵0.21。

2. 控制水量计算

根据已给条件，取盐分排引比为1.1∶1，排水矿化度为3 g/L，则设计总引水量为

$$W_{Y}=6.84\times 0.408\times 10^{4}/(1-1.1\times 0.42/3.0)=32\ 997.6(万\ m^{3})$$

总排水量根据式(3-11)为

$$W_{P}=1.1W_{Y}\times C_{Y}/C_{P}=1.1\times 32\ 997.6\times 0.42/3.0=5\ 081.6(万\ m^{3})$$

3.2.2.3　灌排制度设计

由于在设计区域地下水位较高，且对非耕地耗水量同时计算，所以设计区域损失水量均可转化为地下水。根据设计方案总体目标，结合本设计实际情况确定在作物生长季节控制地下水位埋深不小于1.2 m，9月下旬不小于1.5 m。利用公式(3-8)进行作物生长期(5～9月份)的灌排制度设计，具体过程列表进行见表3-16。

从表3-16的灌溉制度设计表中可以看出：在作物生长期内总计灌水5次，其中引河水灌溉4次，总引水深482.5 mm，合耕地毛引水量6 914 m^{3}/hm^{2}，总引水量32 997.6万 m^{3}，抽取地下水1次，灌水量52.5 mm，合每公顷耕地灌水量750 m^{3}。通过潜水蒸发，利用地下水118.7 mm，抽排地下水74.3 mm(合计为5 081万 m^{3})，作物生长季节，计划湿润层含水量最大274.3 mm，最小219.5 mm。地下水位最高1.51 m，最低2.76 m，播种初期5月上旬为2.5 m，9月中旬为全年最高值1.51 m，9月下旬降到2.02 m，各项指标均满足设计要求。

以上计算过程是通过编制农业用水量计算及灌排制度设计程序完成的。软件编制情况见后。

3.2.3　设计成果特点及需要说明的问题

以灌区水盐平衡为条件，以农业用水量为依据，进行的灌区灌排制度设计，具有以下几方面的特点：

(1)按新的灌排制度进行灌区灌溉管理，与现状相比明显节

表 3-16　全区域内全面积土壤及地下水平衡计算

时间		降雨量	耗水量	灌水量		利地用水	盈(+)亏(-)	旬初计划湿润层含水量	旬末计划湿润层含水量	潜水蒸发量	地下水抽排	地下水抽灌	地下水回补	盈(+)亏(-)	旬初地下水埋深(m)	旬末地下水埋深(m)
				地下水	河水											
月	旬	①	②	③	④	⑤	⑥	⑦	⑧	⑨	⑩	⑪	⑫	⑬	⑭	⑮
	上		14.6		36.5	4.3	+26.1	211.0	237.1	4.3	4.3		47.5	+38.9	2.05	1.79
5	中	7.2	21.2		18.2	13.7	+17.9	237.1		13.7	5		23.7	+5.0	1.79	
	下		27.5			15.7	-11.8	255.0		15.7	5			-20.7	1.7	
	上		32.0			8.3	-23.7	243.2		8.3	5			-13.3	2.08	
6	中	10.5	44.0		36.5	5.7	+8.7	219.5		5.7	5		47.5	+36.8	2.32	
	下		38.2	30.0	18.2	15.4	+25.4	228.2		15.4	5	30.0	23.7	-26.7	1.65	
	上		43.8	22.5		6.6	-14.7	253.6		6.6	5	22.5		-34.1	2.14	
7	中	10.0	37.7		36.5	2.3	+11.1	238.9		2.3	5		47.5	+40.2	2.76	
	下	19.1	20.4		18.2	8.0	+16.9	250.0		8.0	5		23.7	+10.7	2.03	
	上	20.0	(35.7)			8.2	7.5	266.9		3.2	5			-13.2	1.84	
8	中	0.6	(27.8)			5.4	-11.8	259.4		5.4	5			-10.4	2.08	
	下		(22.0)			4.4	-17.6	247.6		4.4	5			-9.4	2.27	
	上	8.1	(12.5)		45.6	3.1	+44.3	230.3		3.1	5		59.3	+51.2	2.44	
9	中		(11.0)			10.2	-0.8	247.3		10.2	5			-15.2	1.51	
	下		(9.6)			7.4	-2.2	273.5	271.3	7.4	5			-12.4	1.79	2.02
合计		85.5	406	52.5	209.7	118.7	-60.2			118.7	74.3	52.5	272.9	+27.4		

注：全年降雨 103 mm，括号内耗水量为有部分作物已经收获时，校核：

①计划湿润层水量平衡 $\sum ② - (\sum ① + \sum ③ + \sum ④ + \sum ⑤) - \sum ⑥ = -0.2$（平衡）；

② 地下水平衡 $\sum ⑫ - (\sum ⑨ + \sum L + \sum ⑪ + \sum ⑬) = 0$（平衡）；

③ 盐分排引比 $= \sum L \cdot C_{排} / [(\sum ④ + \sum ⑫) \cdot C_{引}] = 74.3 \times 3 / [(209.7 + 272.9) \times 0.42] = 1.1$，符合设计要求。

约了水资源，就排域而言，全区域一年可减少引水量0.55亿m^3，合每公顷耕地减少引水量1 285 m^3，为现状引水量的15.7%，所节约水量可扩大灌溉面积0.795万hm^2。

(2)在灌溉制度设计中，考虑了全灌区包括非耕地的耗水问题，注意了生态平衡，成果更具有全面性。

(3)采用新的设计理论和方法进行灌区灌排制度设计具有多方面的先进性，然而若使该方案具体实施则需要灌区必须是渠井结合灌区。同时灌区附近还应有作物耗水量和水文地质资料。另外设计灌区还应具备完整的灌、排体系。

(4)由于增大了灌区排盐量，保证了灌区内土壤长期处于脱盐状态，可避免次生盐碱化现象的发生。

以区域水盐平衡原理为依据进行灌区灌排制度设计，不仅适合于地下水有咸水区，对无盐碱化威胁的灌区，仅取灌区排盐比为1:1即可，对地下水位较深灌区，一般只需建立渠井结合灌排体系，以灌代排就可控制土壤次生盐碱化。

然而值得说明的是，此灌区所进行的排盐方法，并不是在所有灌区均适用。对于现状条件下地下水全部为淡水灌区，控制产生盐碱化的方法主要是减少引水量，同时通过机井以灌代排来控制地下水位，将土壤盐分调控到计划湿润层以下，并通过一定的生物措施来排盐。在外来水源矿化度较低情况下，一般只要控制住地下水位，在相当长时间内，灌区不会发生次生盐碱化。然而对降雨较多地区，若发生连续丰水周期，地下水位逐渐抬升时，则必须控制引外来水，并加大排水比例，否则在深层土壤中积累的盐分将随水上移，灌区仍有产生次生盐碱化的危险。此点必须给予高度重视。

用农业用水量进行灌区来水量控制实际上属于非充分灌溉，这样，在作物生长期内利用水量平衡方程进行土壤计划湿润层含水量计算中，将有可能出现土壤计算含水量低于灌区最低含水量指标的情况。在此条件下，灌区土壤计划湿润层最低含水量在作物（敏感）减产系数较小时段，应以凋萎系数作为最低含水量下限。

对于非充分灌溉，由于有相当长时间土壤含水量都在不能保证对作物充分灌水条件下，此时作物实际耗水量事实上是小于正常作物耗水量的。据有关作物耗水量研究成果介绍，冬小麦在土壤计划湿润层含水量小于田间持水量的70%左右时，作物日耗水量就将减少，而在土壤计划湿润层含水量大于凋萎系数、小于作物正常耗水量所需土壤计划湿润层最低含水率临界值的区间内，作物的实际耗水量可采用詹森 Jensen 公式进行修正，其方法是在充分供水条件下的作物耗水量公式前乘以一个系数，其修正系数为

$$K_w = \frac{\ln(A_w + 1)}{\ln(101)} \tag{3-17}$$

式中：A_w 为相对有效含水率。

$$A_w = \left(\frac{\theta - \theta_p}{\theta_f - \theta_p}\right) \times 100\% \tag{3-18}$$

式中：θ 为土壤含水率；θ_p、θ_f 分别为凋萎系数和田间持水率。

从灌区设计结果中可看出，采用新方法进行灌排制度设计具有许多方面的先进性，然而，若使该方法得到具体实施，则需以下条件：

（1）必须是宜井灌区；

（2）必须有当地作物耗水量和设计灌区多年水文地质观测资料；

（3）必须具备完善的灌、排工程体系。

为此建议，在不同地区对设计中所需数据应建立观测点进行观测，为设计方法的推广实施创造条件。

3.2.4　灌区水盐平衡灌排制度设计软件研制

3.2.4.1　软件特点

灌区节水防盐灌排制度设计是针对目前灌区在利用水资源进

行灌溉时存在的引水量过大的问题,以农业用水量为依据,根据水盐平衡和水量平衡的原理,结合计算机技术研制的适合于一般灌区的通用软件。该软件采用 Borland Delphi 4.0 作为开发 Windows 应用软件和数据库类应用软件开发工具,开发环境友好,数据库访问功能强大,其程序设计语言 Object Pascal 结论严谨、数据类型丰富、应用程序运行性能优越。以上优点使得利用其开发的灌区节水防盐灌排管理软件界面友好,操作简便,功能齐全,通用性强,可以在一般灌区普遍推广应用。

3.2.4.2　结构框架

灌区节水防盐灌排管理软件由基本资料子模块、计算子模块、人机交互子模块组成,模块功能简述如下:

(1)基本资料子模块即数据库管理子系统。该子模块用于管理和维护原始资料,既可针对原有灌区实际情况输入灌区基本资料,用于作出决策,又可用其增加新的灌区资料,对新灌区进行灌溉制度设计。该子模块采用 Paradox 7.0 数据库存储信息。

(2)人机交互模块。它是软件的主要部分之一。通过系统与用户之间直接的人机对话,根据专家(软件)的提示,由用户输入或修改灌区资料,调用软件计算子模块来计算灌区农业用水量或进行灌溉制度设计。

(3)计算子模块。该模块可以对不同灌区进行农业用水量计算和进行不同灌区灌溉制度设计。依据其功能,计算子模块又可分为农业用水量计算子模块和灌区灌溉制度设计子模块。其中,农业用水量计算子模块可单独运行;灌区灌排制度设计子模块则以农业用水量计算子模块计算结果为依据进行灌区灌溉制度设计。计算子模块所依赖的数据绝大部分来源于基本资料子模块,用户也可在调用计算子模块时根据系统提示适时添加。该软件程序流程框图参见图 3-8。

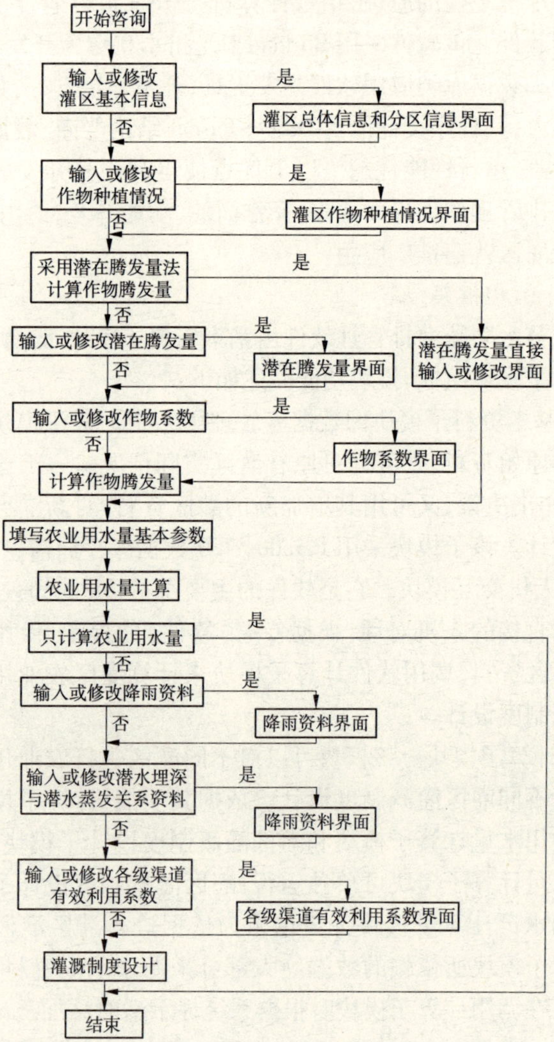

图 3-8　水盐平衡设计流程

3.2.5 一点认识

近年来,黄河下游发生多次长时间断流,给黄河下游工、农业生产和人民生活造成重大损失,使河道周边生态环境严重恶化。断流的主要原因之一是引水量过大。对灌区进行科学管理、控制过大引水量,既可防止灌区发生次生盐碱化,又可向下游河道多输送水量,将会带来巨大的经济效益。采用新的灌溉制度是提高灌区灌溉管理水平的重要手段之一。据估算,现状黄河上游(包括中游部分)大型灌区若全部采用合理的井渠双灌灌溉方法,每年可减少引黄水量10亿~15亿m^3,若在灌区扩大膜上灌、低压管道灌溉技术,则还可节水5%左右。由此可见,若对黄河上、中游加强灌水科学管理,配以必要的工程措施,每年可节水20亿m^3以上,此水量对解决黄河下游断流问题具有十分重要的作用。

建立灌区自动化管理系统是现代农业的要求,也是高效利用水资源的要求。"灌区节水防盐灌排管理"软件,计算准确方便,界面友好,操作性强。采用本软件进行灌区灌溉制度管理,可大大提高灌区管理水平和工作效率。而且该软件可在类似灌区推广。新的灌溉制度和节水灌溉技术实施都需要必要的工程措施。工程措施是否能建设与实施需要经济杠杆的调节和制定必要的政策。我们认为对河流水资源利用应建立经济补偿机制。对上游灌区应提高引水水费价格,利用提高水价所征收水费建立节水灌溉工程,同时鼓励打井开采利用地下水。作为补偿措施,下游灌区也应当提高水费价格,将提高水价征收的水费作为上游灌区修建节水工程奖励基金,鼓励上游群众修建节水灌溉工程和节约用水。

第4章 用半结构多目标优选技术进行灌水方法优选研究

4.1 概 述

在灌区节水高效灌溉工程规划设计管理工作中,灌水技术选择是其中的重要工作之一。

党的十五届三中全会通过的《中共中央关于农村工作若干重大问题的决定》中指出:“要把推广节水灌溉作为一项革命性措施来抓,大幅度提高水的利用率”,“九五”期间国家科技委员会将“节水灌溉技术的研究和推广”列入国家重大科技攻关项目。国务院还决定要在全国建立300个节水灌溉示范县。近年来,我国明显加大了节水灌溉工程的投资力度,加快了工程建设步伐。以上事例充分说明了党中央、国务院对节水灌溉工程建设的重视。节水灌溉技术的广泛推广、应用创造了巨大的社会经济效益,受到了地方各级政府和广大农民群众的热烈欢迎。据有关资料统计,我国近年来在233万hm^2水浇地推广节水灌溉技术,年节约水量约100亿m^3,相当于投资100亿元修建100座大型水库的作用,年增产粮食(或减少粮食减产)190亿kg。

但是在我们的节水灌溉工程建设中,由于节水灌溉是一项新的工作,工程经验不足,也造成在许多工程建设中所采用的技术措施不合理、工程效益低下、达不到设计指标要求,新建工程带来环境负效益和工程提前报废,造成的经济损失也是巨大的。而造成工程规划设计中对灌水技术措施选择不当的根本原因是目前尚没有一套公认的、便于应用的节水灌溉工程措施(以下简称灌水方法)综合评价指标体系。

节水灌溉工程是一项涉及社会、经济、技术、自然条件、资源环境等多方面因素的十分复杂的系统工程。而目前一般在节水灌溉工程规划阶段,主要是由部分专家和决策人凭经验,以技术、经济为工程设计原则,以对某几项重要因素的分析结果来确定工程标准与形式的。由于专家和决策人是在以个人经验和意识为基础的条件下进行工程决策,这种决策往往难以避免地将带有认识上的主观性和片面性,结果就可能使工程的方案决策与实际情况发生偏离。

进行灌水方法优选研究就是在对影响灌水技术方法的主要影响因素进行全面分析的基础上,建立一套灌水方法综合评价指标体系,然后提出一套适用的灌水方法优选评价计算方法,以提高节水灌溉工程措施选择的科技水平,为提高工程决策的准确性提供科学依据。

4.2 节水灌溉综合评价指标体系的建立与分析

4.2.1 影响灌水方法选择的主要因素分析

前已述及节水灌溉工程是一个涉及到方方面面因素的复杂系统。对于不同的灌溉工程,涉及因素又有不同,因此要想将影响因素全部罗列出来,并确定出进行方案比较的评价指标是困难的。同时,影响灌溉选择的各因素之间,其影响程度也不尽相同,对于一些对所有灌水技术应用都有关系,而相互影响程度又都很相近的因子完全列出并进行比较也实无必要。因此,基于仅从解决不同灌水方法优选的观点出发,确定进行灌水方法选择影响因素分析及建立指标评价体系,仅选择对方案选择影响较明显,或在不同方案之间进行比较中影响程度差别较大的因素。根据影响因素,建立指标体系时,选择相同因子。

需要指出的是,对于具体工程而言,上述所列因子不一定完全适用,到时可通过分析比较进行适当取舍。

4.2.2 综合评价指标分析

前面已对影响节水灌溉工程的主要因子选择进行了介绍。根据影响因子建立的综合评价指标体系如图 4-1 所示。为了在今后的具体灌水技术优选方案计算中能够准确地确定各指标的量值,必须对各影响因素包括的主要内容及特点进行具体分析。

4.2.2.1 经济类指标

(1)工程投资。工程投资可采用规划工程总投资或单位面积工程投资作为投资指标。对于使用寿命不同的工程,其投资比较必须采用相同工程使用年限作为投资比较标准。对工程改造方案进行投资比较时,要对原有工程投资统一作出取舍。

对于具有综合功能的水源工程(例如水库)进行方案间对比时,应仅考虑用于灌溉工程的投资。

(2)工程年运行费。年运行费包括直接费、间接费两部分。直接费包括水资源费、能源费、管理人员工资、运行管理及办公费;间接费包括折旧费、大修费、人员教育培训费以及社会养老保险费等。

年运行费对一项工程能否保持良好的运行状态影响重大,对于经济尚不发达地区,在国家给予贷款支援修建工程情况下,过高的年运行费在效益不明显情况下,有可能成为群众的沉重负担,所以在进行方案比较中对此因素应给予充分的重视。

(3)投资回收年限。该指标是衡量工程修建后工程投资回收程度的主要指标,它与经济内部回收率紧密相关,投资回收年限的长短,直接影响到投资的使用效益。该指标也是衡量一个工程投资是否合理的重要依据,投资回收年限应不超过有关规范规定的时间,水利工程一般不应超过 8 年。而对同一典型区而言,在其他条件相同情况下,以投资回收年限最短的方案为最优方案。

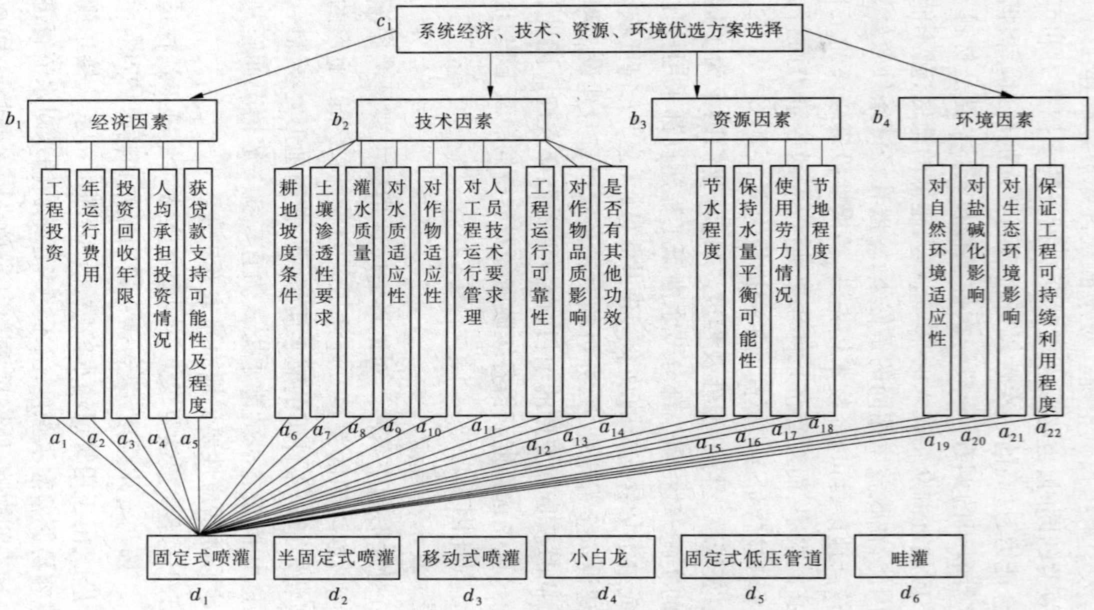

图4-1 综合评价指标体系

(4)人均承担投资情况。对于群众自筹资金修建工程,在考虑工程效益的同时,也必须考虑群众对投资的承担能力和可能的筹措资金能力,过高的一次性投资将遭到群众的反对。根据在河南、河北等省市的调查,一般一次性工程投资(主要是材料费、设备费)不应超过群众年收入的30%,收入越低的地区,越不能投入过大。因此,在收益率相同的条件下,一般在经济条件较好、劳动工日值较高地区,可选择技术较先进、一次性投资较高的工程,以求获得高回报率,而对经济条件较差地区,一般应量力而行,选用灌水技术科技含量逐步提高的工程措施为宜。

(5)获贷款支持可能性及程度。目前,我们国家为了推动节水灌溉的实施,对相当一部分节水灌溉工程建设都采用按比例给予补助或给予贷款支持的政策。获得低息(无息)工程贷款,将提高工程建设资金筹措能力,并可相对提高农民自身建设工程的经济效益,同时获贷款支持的项目,也将更受群众欢迎。因此,响应政府号召,优先选择能获得各级政府经费支持的灌溉工程,也应是作为重要对比因素之一。

4.2.2.2 技术类指标

(1)对地形适应条件。对地形适应性指标主要是考虑灌水方法与地面坡度之间的关系及灌水方法对特殊(专指)地形的适应性,以及特定地形条件下的灌水质量。一般对地形复杂灌区,以采用易施工、田间设备少的灌水方式为宜。就一般情况而言,喷灌、微灌对地形的适应性要比地面灌水方式强。

(2)对土壤渗透性要求。不同灌水方法对土壤渗透性适应程度不同,一般与灌水强度、是否需在田间操作和输水特点有关。例如对沙壤土,由于用管道输水的喷、微、滴灌可将水直接送到指定地点,且容易调整灌水强度,又不必考虑地面输水对水流行进过程中流速、流量的影响,所以对渗透性、适应性强。就此项指标而言,应优于其他灌水方法。

(3)灌水质量。包括灌水均匀度、灌水强度、雨点打击强度等。其中灌水均匀度可用如下公式确定:

$$V_C = \left(1 - \frac{\Delta Z}{\overline{Z}}\right) \times 100\% \tag{4-1}$$

式中:V_C 为灌水均匀度;ΔZ 为灌水时沿水流方向各点土壤实际蓄水深度的和均离差;$\overline{Z}$ 为田间土壤中的平均蓄水深度。

雨点打击强度应以灌水过程中不影响作物生长为原则,重点是对喷灌方式与其他方式相比较;灌水强度主要考虑不同灌水方法是否产生深层渗漏或造成地表土壤受冲刷,具体评价时可将此因子用指定性因子进行方案比较分析。

(4)对水质适应性。主要指对含沙水资源、矿化度较高的水资源的适应性。例如,对黄河水采用管道灌溉输水,在输水之前就必须进行沉淀,而滴灌、渗灌则不宜使用含沙量较高的水资源。高矿化度水一般不用于喷灌、微灌,以防水中盐分烧坏作物的茎叶。

(5)对作物适应性。此指标包括对作物种类适应性、对作物种植耕作方式适应性、对作物种植密度适应性等。

(6)工程运行管理技术人员要求。此指标系指工程运行操作的方便程度,对操作、维修人员的技术水平、素质要求,设备的搬移、连接难易程度,操作人员劳动强度等。

(7)工程运行可靠性。此指标主要指灌水工程或系统在需发挥作用时的可靠度、系统运行时安全可靠性和发挥效益的保证程度,即指工程出现故障的频率。

(8)对作物品质影响。此指标主要指某些灌水技术如喷灌、微喷灌等,其灌水过程与自然降雨类似,可对水果果实增强光合作用,使果实品质有所提高。同时,对作物适时、适量灌水,也会使作物长势良好,使最终农产品等级提高。

(9)是否有其他功效。主要指某些灌水技术例如喷灌、微喷灌、滴灌、渗灌具有防霜冻、灌溉同时可施肥、施农药等功效,在其他条件相同的情况下,此功能也可作为优先考虑其灌水方法的因素之一。

4.2.2.3　资源因素指标

(1)节水程度。节水程度是指所选择灌水方法与普通地面灌溉相比的节水量。我们修建节水灌溉工程的主要目标之一就是要节约灌溉水资源,因此该指标是进行节水灌溉方法选择的重要依据之一。例如,可进行局部灌溉的滴灌、渗灌和膜上灌一般节水程度要高于低压管道灌和喷灌、微灌;而低压管道和喷灌、微灌节水程度又高于普通地面灌溉。在水资源严重缺乏地区,该指标尤为重要。

(2)保持水量平衡可能性。对无外来水源地区,应选择利用当地有效降雨与降雨补给并可被开发利用的地下水量之和的水量能满足作物高产所需水量要求的灌溉技术。

选择节水程度不高的技术,可能不能满足作物对水量的长期要求。选择节水效率较高的技术,往往投资要增大,使供水成本提高,而且节水对广大农村地区而言主要是增加有效灌溉水量。而当一个灌区的有效水资源达到作物需要,再增加供水并不能提高作物产量时,就一个灌区而言,已没必要再建设节水程度更高的工程 。

(3)使用劳力情况。此指标的确定可按单位耕地灌溉管理所需要劳力时数进行计算,对广大农村劳动力较多的地区,此指标对灌水方法确定影响不大;但对城郊及工副业较发达、劳动力工值较高地区,则通过改变灌水方法来节约劳动力,也是可行的方法之一。

(4)节地程度。节地程度是相对于地面灌溉占地多少而言的。土地是非常宝贵的资源,因此必须尽量考虑少占耕地。

4.2.2.4　环境因素指标

(1)对自然环境适应性。该指标主要指不同灌溉工程对冰冻、高温、日照季节性、大风等方面的防设备老化，减轻自然条件对灌溉质量影响等方面的努力。

(2)对盐碱化影响。主要是考虑各种灌溉方法的防盐碱或可能带来盐碱化，以及利用微咸水灌溉的能力。例如，在蒸发强度较大的干旱地区采用滴灌或微灌，尤其若采用微咸水灌溉就容易造成土壤表面积盐。

(3)对生态环境影响。在干旱地区除耕地需要灌溉外，供给非耕地一定的水量是必要的。对部分作物除需要土壤保持一定水分外，还需要空气中湿度达到一定要求，而塑料温室大棚则往往需要控制棚内温度，喷、微灌和地下渗灌，膜下渗灌，与普通地面灌溉相比，其影响正好相反。喷灌由于可将水分散发到空气中，所以有调节田间小气候、防止热风和霜冻功能，在特殊地区或对特殊作物，应将此因素作为方案优选的对比条件之一。

(4)保持工程可持续利用程度。此指标包括两个方面，其一是工程使用寿命，以及在使用期间创造经济效益可再建工程方面的能力；其二是对环境是否会造成不良影响问题。从可持续发展的角度讲，此指标的作用今后会逐步增大在方案比较中的权重。

4.2.3 特殊因素对工程影响分析

前面分析了节水灌溉工程方案优选指标。按常规方法进行方案选择一般是采用各种评价、计算方法，确定各影响因子的权重，并计算综合影响权值(或称隶属度)，以权值最大者作为优属方案。然而，就节水灌溉工程而言，有些因素却对灌水方法选择具有决定性作用，即某个因素的不适应将使整个方案被推翻，笔者称此种因素是具有一票否决权因素。

例如，在塑料大棚内，水汽过多将造成作物病虫害，喷灌和微喷灌由于将水流射向空中，将水流变为水滴，在大棚情况下，将使棚内水汽明显增加，因此在大棚内不宜采用喷灌和微灌。含沙量较高水流，例如黄河水流，其含沙量较高又较细，要通过沉淀和过滤达到完全无沙状态,其成本将会非常高。滴灌和地下渗灌,其滴水孔口和水流流道极细,稍有泥沙就可能堵塞,所以浑水不易采用滴灌和渗灌。

以往进行工程评价一般都以经济、技术为原则,此方法虽不全面,但也说明经济因素的重要性。就一项工程而言,从常理上讲,无论其他方面条件如何,若进行经济效益分析,其效益为负值,那么除非国家有特殊经济补贴(例如目前进行的以改变生态环境为目的的荒漠化治理、种草、植树工程)外,其方案一般不能采用,否则是无法保证其工程正常使用的。

对于一些技术尚不成熟、设计尚无规范可遵循的灌水技术,例如地下渗灌、地下滴灌等,一般也不宜与其他方案放在同指标体系中进行工程方案对比和选用。

某些有特殊设备要求的灌水方法,例如激光平地大畦灌、波涌灌等,目前,我国在激光平地仪器研制方面尚在探索中,波涌灌在未开发出适宜波涌灌水泵条件下除个别试点工程可购置特殊设备外,一般不应将其灌水方法列入对比方案中。

4.3 工程方案优选理论与方法简介

上一节建立了灌水方法优选评价指标体系,要想用指标体系进行方案比较,第一步工作就是指标的量化,节水灌溉方法评价指标体系所涉及因素的指标具有量纲不同、数据差值很大以及既有定量指标又有定性指标等特点,而我们要想对各影响因素进行综合比较,首先就要以统一尺度对不同指标加以量化,即对指标进行标度,以得到综合评价的标度值。

现行指标量化一般是用可定量指标,采用直接或间接方法计算其量值,然后进行统一尺度下的量化工作,对于相当大部分无法量化指标,则研究其定性指标的定量化问题,在对指标统一尺度量化的基础上,还要根据各指标在评价过程中的重要性赋予特定权数。

指标量化的赋权值在工程方案选择中具有重要的意义,它往往可以影响到最后方案的确定。由于定性指标量化无统一、公认的计算公式,一般是以同一因素在不同方案中的作用进行相对比较来确定的。这样就要掺入人的主观意识,因此可以说指标量化和对各因素赋权值工作任意性较大,不同决策者和不同领域专家,甚至相同领域专家对同一指标所赋的值都不一定相同,有时差别还很大。

要解决定性指标进行定量赋值时出现的差异问题,最重要的是重视领域专家经验和意见,同时还应综合考虑不同专家、决策人和工程使用者的意见。为了将领域专家、决策人、工程使用者的意见变成综合评价某一指标在实际工程中的作用数值,需要研究如何确定指标的问题。经过多年研究目前已有许多种定性指标定量化的方法,包括层次分析法、模糊综合评价法、改进层次分析法、满意度法等多种方法。这些方法的一个共同点就是在进行权重及标度确定时,都必须依靠领域知识和经验。

在节水灌溉方法选择中的定性指标定量化,可采取如下几种方法。

4.3.1 模糊统计法

由于节水灌溉工程发挥作用中的许多影响因素属于边界影响程度都不确定的情况,都可以将其列入到模糊的范畴,所以可用建立隶属函数的方法对指标进行量化。

设 U 为论域,A 为 U 上的一个模糊因子,现在要为 A 建立相应的隶属函数,其步骤如下:

(1)把论域划分为若干区间。例如以灌水均匀度为论域 U,将灌水均匀系数 0.3 ~ 0.35 划分为一个区间,0.35 ~ 0.4 划分为另一个区间,依此类推。

(2)选择 n 个研究节水灌溉方面的专家,请其分别给出模糊概念应属于区段,例如,设代表"较均匀"这一模糊概念,请各位技术人员分别给出与较均匀最吻合的均匀度区段，即由均匀系数由多少至多少，例如0.75～0.85。

(3)假设 n 个专家给出的区段中覆盖某个区间的次数为 m，则当 n 足够大时，就可把 m/n 作为该区间中值(设为 u_0)对 A 的隶属度，即

$$\mu A(u_0)=m/n \tag{4-2}$$

对每个区间的中值点 u 求出 $\mu A(u)$ 后，就可绘制 A 的可隶属函数曲线。

对各种灌水方法分别进行以上分析计算，然后以其为依据划定比较标准就可以对其进行权值划分。

4.3.2 德尔斐(Delphi)方法

该方法是在国内外都十分流行的方法，用该方法进行评估的结果主要由两种统计方式获得，对调查的问题希望专家回答的是准确数据时，就用调查结果的中位数表示倾向性意见，并以上下四分位数差表示意见一致性程度。如果专家对评价方案只要求给出优劣评价或排序，则可把不同专家评定的对方案名次相加，得到方案的排序和哪个方案排序总和值最小，则该方案就是专家的倾向性方案。例如，有4个待选择的方案，现由5位专家独立地按自己的意见给方案排序，其结果如表4-1所示。

表4-1 德尔斐法征询专家意见结果

方案	专家代号					排序总和
	01	02	03	04	05	
A	1	2	1	2	1	7
B	2	1	2	1	4	10
C	3	4	4	3	2	16
D	4	3	3	4	3	17

由表 4-1 可以看出，方案 A 的排序结果最优，所以在决策时应选择方案 A。但是，我们还必须知道 6 位专家意见是否集中，即所谓“一致性”。通常用一个 0 ~ 1 之间的系数来表示专家意见的一致性程度，称为“一致性系数”，该系数越接近于 1，说明专家意见越集中；反之则分散。一致性系数的计算公式为

$$C = \frac{12S}{m^2(n^3 - n)} \tag{4-3}$$

其中

$$S = \sum x^2 - \frac{(\sum x)^2}{n} \tag{4-4}$$

式中：C 为一致性系数；S 为专家排序总和的方法和；x 为某方案的专家排序之和；m 为专家数目；n 为方案数目。

按式(4-3)，可以求得表 4-1 的 $C = 0.552$。这个值相对偏低，说明专家意见不够集中，因此我们在确定采用方案 A 时应持慎重态度，或让专家重新进行赋值计算。

上述专家排序方法，可以直接扩展到数值的评定。即如果在定性指标中，要求专家给出量值，可先按方案数将量值划分为 n 个档次。若要求量值越大越好，可将数值最大的档排序为 1，数值最小的档排序为 n，反之则倒排。然后即可按上述方法计算一致性系数，进而作出选择或确定所要求的指标的量值。

4.3.3 评分法

评分工作要逐层次进行。在第一层评判时，只在第一层的各类指标间进行；在第二层评判时，只考虑本类所属的条目，而与其他类指标所属条目无关。例如，在对属于技术指标的各条目进行评价时就不考虑经济指标的各条目的影响。

评分法是在评判总体中限定总分让专家在此范围内给各指标打分，然后进行概率统计，求出各指标均值和方差。本方法的优点是专家评分和数据处理工作量小，缺点是同一评判总体目标很多或涵盖内容过于广泛时，专家评分困难。

4.3.4 二元对比法

设评判集 $L(X_1,X_2,\cdots,X_n,Z)$，要求确定 $X_1,X_2,\cdots,X_n$ 对 Z 的重要程度。定义 $g(X_i,X_j)$ 表示 X_i 相对于 X_j 来说对 Z 的重要程度。例如，$g(X_i,X_j)=a$，$g(X_j,X_i)=b$，表示若将 X_i 对 Z 的重要程度为 a 的话，则 X_j 对 Z 的重要程度为 b，将 X_i 与 X_i 相比，自己不会比自己更重要，所以 $g(X_i,X_i)=0$，为使度量统一，令

$$g(X_i,X_j)+g(X_j,X_i)=1 \tag{4-5}$$

本方法的优点是专家评判容易，缺点是当同一层中项目很多时，专家评判过程和数据处理工作量很大。

对评分法、二元对比法进行完专家咨询调查后，要根据咨询结果计算各指标的均值和方差，即

$$\overline{W_j}=\frac{\sum_{i=1}^{m}W_{ij}}{m} \tag{4-6}$$

$$\sigma_j^2=\frac{\sum_{i=1}^{m}(W_{ij}-\overline{W_j})^2}{m} \tag{4-7}$$

式中：$\overline{W_j}$ 为第 j 个指标的评判均值；W_{ij} 为第 i 个指标的评判值；σ_j^2 为第 j 个指标的方差；m 为专家总人数。

据统计处理结果，删去不必要的条目，增补专家重新提出的条目，将统计、修改条目的结果填入下一轮咨询表进行下一轮咨询。将前后两次统计结果按下式进行收敛情况检验，再进行权重合成计算。

$$(\sigma_n^j)^2-(\sigma_{n-1}^j)^2\leqslant X \tag{4-8}$$

当采用二元对比法时，通过咨询得到二元对比矩阵，然后对各指标因子的权重采用下列公式进行计算，即

$$\overline{W_j} = \frac{\sum_{i=1}^{m} g(X_i, X_j)}{\sum_{i=1}^{m}\sum_{j=1}^{n} g(X_i, X_j)} \tag{4-9}$$

计算出各指标的$\overline{W_j}$后，计算合成权重的方法与评分相同。

4.3.5 专家评判法

专家评判法是目前应用较多的一种建立隶属函数的方法，其要点是让专家直接给出论域中每个域元素的隶属度，然后再做一些相应的处理。尽管这种方法具有较浓厚的个人主观判断色彩，但只要选择合适的专家，它仍不失为一种比较可靠的方法，因为专家毕竟具有较丰富的实践经验，给出的隶属度一般较准确。

设论域

$$U = \{u_1, u_2, \cdots, u_n\} \tag{4-10}$$

且设 A 是 U 上待确定其隶属函数的模糊集，专家评判法的建立过程如下：

(1)请 m 位专家，让每位专家分别对每一个 $u_i(i=1,2,\cdots,n)$ 给出一个隶属度 $\mu_A(u_i)$ 的估计值，设第 j 位专家给出的估计值为 $S_{ij}(i=1,2,\cdots,n;j=1,2,\cdots,m)$，求出平均值$\overline{S_i}$及离差 d_i，即

$$\overline{S_i} = \frac{1}{m}\sum_{j=1}^{m} S_{ij} \tag{4-11}$$

$$d_i = \frac{1}{m}\sum_{j=1}^{m} (\overline{S_i} - S_{ij})^2 \tag{4-12}$$

$$i=1,2,\cdots,n$$

(2)检查离差 d_i 是否小于等于事先指定的阈值 ε，如果大于 ε，则请专家重新给出估计值，然后再计算$\overline{S_i}$及 d_i。重复这一过程，直到离差小于等于 ε 时为止。设在第 k 轮时达到了要求，此时再请各位专家给出自己所做估计值的“确度”，设为

$$c_1, c_2, \cdots, c_m$$

其中，$0 \leqslant c_j \leqslant 1 (j = 1,2,\cdots,m)$ 表示第 j 位专家对自己给出值的把握程度。求出它们的平均值，即

$$\bar{c} = \frac{1}{m}\sum_{j=1}^{m} c_j \tag{4-13}$$

(3) 若 $\bar{c}$ 的值达到了一定的标准，则就以 $\overline{S_i}$ 作为 u_i 的隶属度 $\mu_A(u_i)$，$(i = 1,2,\cdots,n)$。如果考虑到各位专家的情况不同，希望某些专家的意见占较大的比重，则可以为每位专家分配的一个权值 ω_j（ω_j 满足 $\omega_j \geqslant 0$，且 $\sum_{j=1}^{m}\omega_j = 1$），此时计算 $\overline{S_i}$ 及 $\bar{c}$ 的公式分别为

$$\overline{S_i} = \sum_{j=1}^{m} \omega_j \times S_{ij} \quad (i = 1,2,\cdots,n) \tag{4-14}$$

$$\bar{c} = \sum_{j=1}^{m} \omega_j \times c_j \tag{4-15}$$

采用专家参与评判、确定优选权重过程中，专家选聘的合理与否，最后对结果准确程度至关重要。在选聘专家时要注意以下几点：①所选专家必须对待评价的指标所涉及的各方面情况非常熟悉，且有经验，所选专家在评价指标领域有一定的权威性。②所选专家在专业分布上要全面、合理、代表性好。且按评判因素特点合理确定各类专家人数的比例。③专家人数要适当，一般在 20 左右最好。人数过少，一般代表性不好，且个人好恶偏见对评价结果影响很大；人数过多，则数据处理工作量大，评判周期长，且结果的准确性并不一定提高。

除以上方法外，还有基本概念扩充法、基于落影函数指标量化法、创新思维组织法、强制函数指标量化法等，本文不再详述。

4.4 用半结构多目标模糊优选技术进行灌水方法选择研究

半结构多目标模糊优选技术和开放式复杂水资源巨系统分析技术是陈守煜近年来的最新研究成果。其成果提出了表示人的经验知识、意向的量化原理与方法,提出了系统决策理论、技术与方法。

节水灌溉技术选择与复杂水资源系统工程决策方案类似。由于系统的复杂性,在系统分析决策中,都无法回避人的经验、知识、决策者的意向所起的重要作用。但是用经典优化理论、技术与方法求解的大系统问题 ,其理论和技术都难以适应。以往尚无系统全面进行人的经验知识量化原理综合决策的研究成果。

开放式的复杂水资源系统理论是在经典优化理论、复杂大系统分析理论基础上,融入专家知识,并应用近代科学技术前沿中的最新成就建立的新的理论、技术方法。

半结构多目标优选理论是在开放式巨系统理论的基础上,提出的定性和定量相结合、结构性与非结构性相结合的半结构性决策模糊优选理论、模型及方法。

4.4.1 巨系统分析技术中的人的经验知识量化原理与综合决策模型

设系统有决策(或方案)集

$$D=(d_1,d_2,\cdots,d_n) \tag{4-16}$$

式中:d_i 为系统决策集中的第 i 个决策,$i=1,2,\cdots,n$;n 为决策总数。

若系统有 m 个定性目标或尚未给以量化的定量目标。现在来研究系统决策集关于某个定性目标 C 对于模糊概念——优越性的相对隶属度。

首先研究决策集 D 关于定性目标 C 按照优越性进行二元对比的定性排序。若

(1) d_k 与 d_i 对比,就定性目标 C 而言, d_k 优于 d_l,定义定性排序标度 $e_{kl}=1, e_{lk}=0$;

(2) d_k 与 d_l 对比,d_l 优于 d_k, 则取 $e_{kl}=0$, $e_{lk}=1$;

(3) d_k 与 d_l 对比,同样优越,则取 $e_{kl}=e_{lk}=0.5, k=1,2,\cdots, n; l=1,2,\cdots,n$。

定性排序标度 e_{kl} 或 e_{lk} 任取 0、0.5、1 之间某个值。由于它是用于定性目标 C 对决策集 D 关于优越性的定性排序,故称为定性排序标度或简称排序标度。

定义 1:设有 $n\times n$ 阶的决策集关于定性目标 C 对优的二元对比矩阵

$$\boldsymbol{E}=\begin{bmatrix} e_{11} & e_{12} & \cdots & e_{1n} \\ e_{21} & e_{22} & \cdots & e_{2n} \\ \vdots & \vdots & & \vdots \\ e_{n1} & e_{n2} & \cdots & e_{nn} \end{bmatrix}=(e_{kl}) \tag{4-17}$$

满足

$$\left.\begin{array}{c} e_{kl}\text{仅在 0、0.5、1 中取值} \\ e_{kl}+e_{lk}=1, k\neq l \\ e_{kk}=e_{ll}=0.5 \end{array}\right\} \tag{4-18}$$

则对称矩阵 $\boldsymbol{E}$ 为二元对比定性排序标度矩阵(方阵)。

若二元对比定性排序标度矩阵 $\boldsymbol{E}$ 满足条件

$$\left.\begin{array}{l} (1)\ e_{hk}>e_{hl},\text{有 } e_{lk}>e_{kl} \\ (2)\ e_{hk}<e_{hl},\text{有 } e_{lk}<e_{kl} \\ (3)\ e_{hk}=e_{hl}=0.5,\text{有 } e_{lk}=e_{kl}=0.5 \end{array}\right\} \tag{4-19}$$

则称二元对比定性排序标度矩阵 $\boldsymbol{E}$ 为排序一致性标度矩阵, $h=1,2,\cdots,n$。

经推导可得检验矩阵 $\boldsymbol{E}$ 排序一致性的4条简单规则:

(1) $e_{hk} > e_{hl}$,应有 $e_{kl} = 0$。

(2) $e_{hk} < e_{hl}$,应有 $e_{hl} = 1$。

(3) $e_{hk} = e_{hl} = 0.5$,应有 $e_{kl} = 0.5$。$h = 2, \cdots, n-1$; $l = 3, \cdots, n$。

(4) $e_{hk} = e_{hl} = 1.0$ 或 0,e_{kl}可为1、0.5、0。

而排序一致性标度矩阵各行和数由大到小排列,就给出了决策集对于优越性的排序。

定义2:按排序一致性标度矩阵 $\boldsymbol{E}$ 各行和数由大到小排列,给出的决策集对优越性的排序做二元比较,若二元比较矩阵为

$$\boldsymbol{\mu} = \begin{bmatrix} \mu_{11} & \mu_{12} & \cdots & \mu_{1n} \\ \mu_{21} & \mu_{22} & \cdots & \mu_{2n} \\ \vdots & \vdots & & \vdots \\ \mu_{n1} & \mu_{n2} & \cdots & \mu_{nn} \end{bmatrix} \tag{4-20}$$

且满足条件

$$\left.\begin{array}{l} 0 \leqslant \mu_{ij} \leqslant 1 \\ \mu_{ij} = 0.5 \quad (i = j) \\ \mu_{ij} + \mu_{ji} = 1 \end{array}\right\} \tag{4-21}$$

则称矩阵 $\boldsymbol{\mu}$ 为对于优越性的有序二元比较矩阵。μ_{ij} 为决策 i 对 j 关于优越性做二元比较时,决策 i 对于 j 的优越性模糊标度;相反地,μ_{ji} 为决策 j 对 i 的优越性模糊标度。i、j 为排序下标,$i = 1, 2, \cdots, n$;$j = 1, 2, \cdots, n$。

如果就定性目标 C 而言,决策 i 优于 j,则 $\mu_{ij} > 0.5$,$\mu_{ji} < 0.5$;如果决策 i 无可比拟的优于 j,则 $\mu_{ij} = 1$,$\mu_{ji} = 0$;如果决策 i 与 j 同样优越,则 $\mu_{ij} = \mu_{ji} = 0.5$。

显然有序二元比较矩阵 $\boldsymbol{\mu}$ 为 $n \times n$ 阶方阵,元素值均为0.5的对角线将矩阵分为上下两个三角,上三角中的元素值从对角线元素值0.5开始,每行元素值自左向右递增;下三角中的元素值自对

角线元素值0.5起始，每行元素值自右向左递减。

定义3：根据有序二元比较矩阵$\boldsymbol{\mu}$构造相及矩阵

$$\boldsymbol{\Phi}=\begin{bmatrix} 1 & \mu_{12}/\mu_{21} & \cdots & \mu_{1n}/\mu_{n1} \\ \mu_{21}/\mu_{12} & 1 & \cdots & \mu_{2n}/\mu_{n2} \\ \vdots & \vdots & & \vdots \\ \mu_{n1}/\mu_{1n} & \mu_{n2}/\mu_{2n} & \cdots & 1 \end{bmatrix} \tag{4-22}$$

$$\boldsymbol{\varphi}=\begin{cases} 1 & \mu_{ji}<\mu_{ij} \\ \mu_{ij}/\mu_{ji} & \mu_{ji}\geqslant\mu_{ij} \end{cases} \tag{4-23}$$

$$\boldsymbol{\varphi}=\begin{cases} 1 & \mu_{ij}<\mu_{ji} \\ \mu_{ji}/\mu_{ij} & \mu_{ij}\geqslant\mu_{ji} \end{cases} \tag{4-24}$$

显然，相及矩阵$\boldsymbol{\varphi}$为$n\times n$阶矩阵，元素值均为1的对角线将矩阵$\boldsymbol{\varphi}$分为上下两个三角：上三角中的元素值均为1；下三角中的元素值自对角线元素值1起始，每行元素值自右向左递减。相及矩阵$\boldsymbol{\varphi}$中的第一列元素值分别为各行元素的最小值。

有关研究成果证明：由有序二元比较矩阵$\boldsymbol{\mu}$构造的相及矩阵$\boldsymbol{\varphi}$的第一列元素

$$\begin{aligned}\boldsymbol{\varphi}=(\varphi_{11},\varphi_{21},\cdots,\varphi_{n1})^{\mathrm{T}}&=(1,\mu_{21}/\mu_{12},\cdots,\mu_{n1}/\mu_{1n})^{\mathrm{T}}\\&=[1,(1-\mu_{12})/\mu_{12},\cdots,(1-\mu_{1n})/\mu_{1n}]^{\mathrm{T}}\end{aligned} \tag{4-25}$$

为决策集D中的元素对模糊概念优越性的隶属度向量，简称为优属度向量。

根据有序二元比较矩阵$\boldsymbol{\mu}$的特点，有

$$0.5=\mu_{11}\leqslant\mu_{12}\leqslant,\cdots,\leqslant\mu_{1n}\leqslant1.0 \tag{4-26}$$

μ_{11}、μ_{12}、…、μ_{1n}为排序第1位的决策与本身、与排序2、…、n决策关于模糊概念优越性作二元比较的模糊标度值。

由于排序第1位的决策与本身比较，其优越性的模糊标度值$\mu_{11}=0.5$；若排序第1位的决策无可比拟地优于第n位决策，其模

糊标度值 $\mu_{1n}=1.0$。可见,表示二元对比优越性程度的两个模糊标度边界值:0.5 与 1.0,对应着两个关于描述优越性程度的形容词:同样优越与无可比拟的优越。自然语言与文字中的形容词的本质特点是模糊性,它是人们运用自己的经验知识对事物进行两两比较判断的重要工具。据此,陈守煜建立以排序第 1 位的决策为标准,与其他序号决策之间比较的模糊语气算子与模糊标度、相对隶属度的对应关系,如表 4-2 所示,它是根据以下原则制成的。考虑 11 个形容词的比较级别:同样、稍稍、略为、较为、明显、显著、十分、非常、极其、极端、无可比拟,它们在比较中是逐步加强的。因此,在同样优越的模糊标度 0.5 与无可比拟地优越的模糊标度 1.0之间,以线性变化的模糊标度值分别与不同级别的形容词(语气算子)相对应。将模糊标度值 μ_{1j} 代入向量表示的公式(4-25),或代入如下公式:

表 4-2 语气算子及相对优属度对应值计算结果

语气算子	同样		稍稍		略为		较为		明显	
μ_{1j}	0.500	0.525	0.550	0.575	0.600	0.625	0.650	0.675	0.700	0.725
φ_{1j}	1.000	0.905	0.818	0.739	0.667	0.600	0.538	0.481	0.429	0.379

语气算子	显著		十分		非常		极其		极端		无可比拟
μ_{1j}	0.750	0.775	0.800	0.825	0.850	0.875	0.900	0.925	0.950	0.975	1.000
φ_{1j}	0.333	0.290	0.250	0.212	0.176	0.143	0.111	0.081	0.053	0.026	0.000

$$\varphi_{1j}=(1-\mu_{1j})/\mu_{1j} \tag{4-27}$$

式中:μ_{1j}为排序第 1 位决策与第 j 位决策对比关于优越性的模糊标度值;φ_{1j}为排序第 1 位与第 j 位决策对比关于定性目标 C 对于优的相对隶属度或相对优属度。式(4-27)称做定性目标相对优属度模型公式。利用式(4-26)和式(4-27)可以确定 φ_{ij}值;但利用公式计算模糊标度值μ_{1j},不如用表4-2语气算子更易于判断。比较过程中可取相邻两极语气算子之间模糊标度的均值,即表4-2列出其对应的相对隶属度或任一区间值。而后者对应的相对隶属度φ_{ij}在满足不等式(4-26)的条件下可根据式(4-27)确定。

将以上理论推广,如果将决策集D变换为目标集C,模糊概念优越性变换为重要性,人的经验知识换成决策者的意向,则上述内容均适用于目标集对于模糊概念重要性的相对隶属度,即权重的确定。但此时要求系统目标权重值之和等于1,故需将系统目标对重要性的相对隶属度进行归一化。

以上就是表示人的经验知识的二元比较量化原理与方法。

将目标C关于n个决策的相对优属度φ_{1j}以r_j替换;$j=1,2,\cdots,n$。即令$\varphi_{1j}=r_j$,因系统有m个定性目标或未给以量化的定量目标,则可得n个决策m个目标的相对优属度矩阵

$$\boldsymbol{R}=\begin{bmatrix} r_{11} & r_{12} & \cdots & r_{1n} \\ r_{21} & r_{22} & \cdots & r_{2n} \\ \vdots & \vdots & & \vdots \\ r_{m1} & r_{m2} & \cdots & r_{mn} \end{bmatrix}=(r_{ij}) \tag{4-28}$$

式中:r_{ij}为决策j定性目标i的相对优属度;$i=1,2,\cdots,m$。

将m个目标对于重要性的相对隶属度进行归一化,得到m个目标的权向量,计以

$$\omega=(\omega_1,\omega_2,\cdots,\omega_n) \tag{4-29}$$

满足

$$\sum_{i=1}^{m} w_i = 1 \tag{4-30}$$

式中:w_i为定性目标i的权重。

定义4:系统有m个定性目标,若

$$g=(g_1,g_2,\cdots,g_m)^{\mathrm{T}}=(1,1,\cdots,1)^{\mathrm{T}} \tag{4-31}$$

$$b=(b_1,b_2,\cdots,b_m)^{\mathrm{T}}=(0,0,\cdots,0)^{\mathrm{T}} \tag{4-32}$$

则称向量 g、b 为系统的优等决策、劣等决策。

定义 5:

$$d_{gj} = \sqrt[p]{\sum_{i=1}^{m}[w_i(g_i - r_{ij})]^p} = \sqrt[p]{\sum_{i=1}^{m}[w_i(1 - r_{ij})]^p} \quad (4\text{-}33)$$

$$d_{bj} = \sqrt[p]{\sum_{i=1}^{m}[w_i(r_{ij} - b_i)]^p} = \sqrt[p]{\sum_{i=1}^{m}(w_i r_{ij})^p} \quad (4\text{-}34)$$

并称 d_{gj}、d_{bj} 为决策 j 与优等决策、劣等决策的广义加权距离;p 为距离参数。

当 $p=1$ 时上两式为海明距离。

在以上定义中考虑了目标权重,如目标为等权重,即 $w_i=1/m$,则 d_{gj}、d_{bj} 变为通常意义下决策 j 与优等决策、劣等决策的广义距离。

若决策 j 分别以 μ_j、μ_j^c 隶属于优等决策、劣等决策,按模糊集中的余集定义,有

$$\mu_j^c = 1 - \mu_j \quad (4\text{-}35)$$

定义 6:若

$$D_{gj} = \mu_j \sqrt[p]{\sum_{i=1}^{m}[w_i(1 - r_{ij})]^p} \quad (4\text{-}36)$$

$$D_{bj} = (1 - \mu_j) \sqrt[p]{\sum_{i=1}^{m}(w_i r_{ij})^p} \quad (4\text{-}37)$$

则称 D_{gj}、D_{bj} 为决策 j 与优等决策、劣等决策的加权广义权距离。

定义 6 是在定义 5 基础上,进一步考虑了以相对隶属度为权重,它更完善地描述了决策 j 与优等决策、劣等决策之间的距离或差异。

为了从理论上求解 μ_j 的最优值,建立目标函数。决策 j 与优等决策、劣等决策的加权广义权距离平方之和最小,即

$$\min\{F(\mu_j) = D_{gj}^2 + D_{bj}^2\} \quad (4\text{-}38)$$

解

$$\mathrm{d}F(\mu_j)/\mathrm{d}\mu_j = 0 \quad (4\text{-}39)$$

得到

$$\mu_j = \frac{1}{1 + \left(\frac{1 - B_j}{B_j}\right)^2} \tag{4-40}$$

其中

$$B_j = \sum_{i=1}^{m} w_i r_{ij} \tag{4-41}$$

式中:B_j 为线性加权平均模糊综合评判值。

根据人的经验知识得到 w_i、r_{ij},由式(4-40)综合得 n 个决策对于优的相对隶属度 u_j。按隶属度最大原则即可解得最优决策与决策的最优排序。

4.4.2 半结构性决策模糊优选理论与模型

半结构性决策主要是指多目标(指标)决策系统中,既有定量目标(目标特征值可以直接定量或量化),又有难以直接量化的定性目标的决策优选问题。

半结构模型的决策优选理论与模型采取先从定性目标的相对优属度模型出发,导出定量目标相对优属度公式,然后再建立半结构性决策模糊优选理论模型的方法。

4.4.2.1 定量目标的相对优属度公式推导

式(4-27)已给出了定性目标相对优属度模型公式

$$\varphi_{1j} = \frac{1 - \mu_{1j}}{\mu_{1j}} \qquad (j = 1, 2, \cdots, n)$$

现利用上式推导定量目标的相对优属度公式。

1. 越大越优定量目标相对优属度公式推导

设系统由满足约束条件的 n 个方案组成决策集中,有 m_a 个目标为可以直接量化的定量目标,而其中 m_1 个目标为越大越优目标,其目标特征值矩阵为

$$
{}_1\boldsymbol{x}=\begin{bmatrix} {}_1x_{11} & {}_1x_{12} & \cdots & {}_1x_{1n} \\ {}_1x_{21} & {}_1x_{22} & \cdots & {}_1x_{2n} \\ \vdots & \vdots & & \vdots \\ {}_1x_{m1} & {}_1x_{m2} & \cdots & {}_1x_{mn} \end{bmatrix}=({}_1x_{ij}) \tag{4-42}
$$

式中：$j=1,2,\cdots,n;i=1,2,\cdots,m$。

对定量目标而言，目标特征值${}_1x_{ij}$为已知，对越大越优目标，将${}_1x_{ij}$值按由大到小的次序排列，就是 n 个方案按关于目标 i 的优越性排序。设其序号依次为 1、2、…、n，则对越大越优目标 i，有

$$
{}_1x_{i\max}={}_1x_{i1}>{}_1x_{i2}>{}_1x_{i3}>\cdots>{}_1x_{in} \tag{4-43}
$$

式中：${}_1x_{i\max}$为 n 个方案目标 i 的最大特征值。

构造满足条件式(4-21)（下标号 i 改为 p）

$$
\left.\begin{array}{l} 0\leqslant\mu_{pj}\leqslant 1 \\ \mu_{pj}=0.5, p=j \\ \mu_{pj}+\mu_{jp}=1 \end{array}\right\} \tag{4-44}
$$

关于优越性的有序二元比较矩阵式(4-20)，即

$$
\boldsymbol{\mu}=\begin{bmatrix} \mu_{11} & \mu_{12} & \cdots & \mu_{1n} \\ \mu_{21} & \mu_{22} & \cdots & \mu_{2n} \\ \vdots & \vdots & & \vdots \\ \mu_{n1} & \mu_{n2} & \cdots & \mu_{nn} \end{bmatrix}=(\mu_{pj}) \tag{4-45}
$$

的第 1 行元素值μ_{1j}，$j=1,2,\cdots,n;p=1,2,\cdots,n$。

对于已知特征值${}_1x_{ij}$的目标 i 而言，合理的构造应该是

$$
\mu_{11}=\frac{{}_1x_{i1}}{{}_1x_{i1}+{}_1x_{i1}}=0.5,\mu_{12}=\frac{{}_1x_{i1}}{{}_1x_{i1}+{}_1x_{i2}},\cdots,\mu_{1n}=\frac{{}_1x_{i1}}{{}_1x_{i1}+{}_1x_{in}} \tag{4-46}
$$

满足式(4-43)。

根据不等式(4-43)，满足不等式(4-26)

$$
0.5=\mu_{11}\leqslant\mu_{12}\leqslant\cdots\leqslant\mu_{1n}\leqslant 1
$$

将式(4-45)代入式(4-27)得到

$$\varphi_{11}=1,\varphi_{12}=\frac{{}_1x_{i2}}{{}_1x_{i1}},\cdots,\varphi_{1n}=\frac{{}_1x_{in}}{{}_1x_{i1}} \tag{4-47}$$

因为${}_1x_{i1}={}_1x_{i\max}$,式(4-46)等价于

$$ {}_1r_{ij}=\frac{{}_1x_{ij}}{{}_1x_{i\max}} \tag{4-48}$$

式中:$j=1,2,\cdots,n;i=1,2,\cdots,m$。

${}_1r_{ij}$为方案j指标i的相对优属度。

公式(4-47)就是越大越优定量目标的相对优属度计算模型。由式(4-47)将矩阵${}_1x$转换为越大越优目标相对优属度矩阵为

$$ {}_1\boldsymbol{R}=\begin{bmatrix} {}_1r_{11} & {}_1r_{12} & \cdots & {}_1r_{1n} \\ {}_1r_{21} & {}_1r_{22} & \cdots & {}_1r_{2n} \\ \vdots & \vdots & & \vdots \\ {}_1r_{m_11} & {}_1r_{m_12} & \cdots & {}_1r_{m_1n} \end{bmatrix}=({}_1r_{ij}) \tag{4-49}$$

2. 越小越优定量目标相对隶属度公式推导

设在系统中的m个定量目标中有m_2个越小越优定量目标,其目标特征值矩阵为

$$ {}_2\boldsymbol{x}=\begin{bmatrix} {}_2x_{11} & {}_2x_{12} & \cdots & {}_2x_{1n} \\ {}_2x_{21} & {}_2x_{22} & \cdots & {}_2x_{2n} \\ \vdots & \vdots & & \vdots \\ {}_2x_{m_21} & {}_2x_{m_22} & \cdots & {}_2x_{m_2n} \end{bmatrix}=({}_2x_{ij}) \tag{4-50}$$

式中:$j=1,2,\cdots,n;i=1,2,\cdots,m_2$。

对越小越优目标i将${}_2x_{ij}$值按由小到大的次序排列,是为n个方案关于目标i的优越性排序,设其序号依次为1、2、3、…、n,则有

$$ {}_2x_{i\min}={}_2x_{i1}<{}_2x_{i2}<\cdots<{}_2x_{in} \tag{4-51}$$

式中:${}_2x_{i\min}$为各方案目标的最小特征值。

构造满足条件式(4-21)关于优越性有序二元比较矩阵(4-20)的第一行元素值$\mu_{1j}=1,2,\cdots,n$。

对于已知特征值$_1x_{ij}$的越小越优目标 i 而言，其合理的构造应是

$$\mu_{11}=\frac{{}_2x_{i1}}{{}_2x_{i1}+{}_2x_{i1}}=0.5,\mu_{12}=\frac{{}_2x_{i2}}{{}_2x_{i1}+{}_2x_{i2}},\cdots,\mu_{1n}=\frac{{}_2x_{in}}{{}_2x_{i1}+{}_2x_{in}} \tag{4-52}$$

满足式(4-43)。

根据不等式(4-49)，满足

$$0.5=\mu_{11}\leqslant\mu_{12}\leqslant\cdots\leqslant\mu_{1n}\leqslant1 \tag{4-53}$$

将式(4-51)代入式(4-27)得到

$$\varphi_{11}=1,\varphi_{12}=\frac{{}_2x_{i2}}{{}_2x_{i1}},\cdots,\varphi_{1n}=\frac{{}_2x_{in}}{{}_2x_{i1}} \tag{4-54}$$

由$_2x_{i1}={}_2x_{i\min}$，式中(4-52)等同于

$${}_2r_{ij}=\frac{{}_2x_{i\min}}{{}_2x_{ij}}\quad(i=1,2,\cdots,m_2) \tag{4-55}$$

其中式(4-55)为越小越优定量目标的相对优属度模型。应用式(4-55)将矩阵$_2x$ 变换为越小越优目标相对优属度矩阵

$${}_2\boldsymbol{R}=\begin{bmatrix}{}_2r_{11} & {}_2r_{12} & \cdots & {}_2r_{1n}\\ {}_2r_{21} & {}_2r_{22} & \cdots & {}_2r_{2n}\\ \vdots & \vdots & & \vdots\\ {}_2r_{m_21} & {}_2r_{m_22} & \cdots & {}_2r_{m_2n}\end{bmatrix}=({}_2r_{ij}) \tag{4-56}$$

由于矩阵$_1R$、$_2R$ 元素的计算值均根据模型(4-26)导出，故在理论上可以将定量指标越大越优、越小越优目标的相对优属度矩阵合并为定量目标的相对优属度矩阵

$${}_A\boldsymbol{R}=\begin{bmatrix}{}_ar_{11} & {}_ar_{12} & \cdots & {}_ar_{1n}\\ {}_ar_{21} & {}_ar_{22} & \cdots & {}_ar_{2n}\\ \vdots & \vdots & & \vdots\\ {}_ar_{m_a1} & {}_ar_{m_a2} & \cdots & {}_ar_{m_an}\end{bmatrix}=({}_ar_{ij}) \tag{4-57}$$

式中：$i=1,2,\cdots,m_a$；$m_a=m_1+m_2$；$j=1,2,\cdots,n$。

当定量目标中同时存在越大越优、越小越优目标时，目标特征值的相对优属度公式或规格化公式应分别采用上面推导的式(4-48)和式(4-52)，因为由这两个公式算得的目标相对优属度在理论上有相同的基础，可以合成为一个统一的目标相对优属度矩阵，并以此为基础数据，进行此后的模糊优选与决策。

4.4.2.2 半结构性决策系统目标相对优属度矩阵

设系统有满足约束条件的 n 个方案，考虑 m 个目标，其中 m_a 个定量目标，m_b 个定性指标，对于定性指标可以根据巨系统理论、模型与方法，确定目标的相对优属度矩阵为

$$
{}_B\boldsymbol{R}=\begin{bmatrix} {}_br_{11} & {}_br_{12} & \cdots & {}_br_{1n} \\ {}_br_{21} & {}_br_{22} & \cdots & {}_br_{2n} \\ \vdots & \vdots & & \vdots \\ {}_br_{m_b1} & {}_br_{m_b2} & \cdots & {}_br_{m_bn} \end{bmatrix}=({}_br_{ij}) \qquad (4\text{-}58)
$$

式中：${}_br_{ij}$为 j 方案定性目标 i 的相对优属度；$i=1,2,\cdots,m_b$；$j=1,2,\cdots,n$。

应用巨系统的有关定性排序定义，可以确定 n 个方案关于定性目标 i 的优越性排列次序，根据模型(4-27)，有

$$
{}_br_{ij}=\frac{1-\mu_{1j}}{\mu_{1j}} \qquad (4\text{-}59)
$$

式(4-59)中的下标 j 是 n 个方案就定性指标 i 而言的优越性排列，最优越的为 $j=1$，依次为 2，3，…，最差的为 $j=n$。

应用模型(4-58)或表 4-2 可得定量目标的相对优属度矩阵(4-57)。由于定性与定量目标相对优属度的计算公式均源于模型式(4-27)，故从理论上可以将矩阵${}_A\boldsymbol{R}$、${}_B\boldsymbol{R}$ 合成为统一的目标相对优属度矩阵

$$
\boldsymbol{R}=\begin{bmatrix} r_{11} & r_{12} & \cdots & r_{1n} \\ r_{21} & r_{22} & \cdots & r_{2n} \\ \vdots & \vdots & & \vdots \\ r_{m1} & r_{m2} & \cdots & r_{mn} \end{bmatrix} \tag{4-60}
$$

式中：$i=1,2,\cdots,m;m=m_a+m_b;j=1,2,\cdots,n$。

矩阵(4-60)称为半结构性决策系统目标相对优属度矩阵，它是半结构性决策系统进行模糊优选决策的基础。

4.4.2.3 半结构性决策系统模糊优选理论与模型

由前面分析已知，由于定性与定量目标相对优属度的计算公式均源于巨系统理论与模型，所以可以说，半结构性决策系统模糊优选理论与巨系统定量分析理论与模型在结构形式上基本一致。根据相对隶属度的定义与概念，定义决策集的理想优等、劣等方案的 m 个目标相对隶属度向量为

$$
g=(g_1,g_2,\cdots,g_n)=(1,1,\cdots,1) \tag{4-61}
$$

$$
b=(b_1,b_2,\cdots,b_n)=(0,0,\cdots,0) \tag{4-62}
$$

设方案 j 以相对优属度 μ_j 隶属于理想优方案，以相对劣属度 μ_j^c 隶属于理想劣方案，根据模糊集补集定义，有

$$
\mu_j^c=1-\mu_j \tag{4-63}
$$

考虑 m 个目标的权重不同，设目标权向量

$$
\boldsymbol{w}=(w_1,w_2,\cdots,w_m),\ \sum_{j=1}^{m} w_i=1 \tag{4-64}
$$

方案 j 与理想、优、劣方案的广义权距离分别为

$$
d_{jg}=\sqrt[p]{\sum_{i=1}^{m}(w_i \mid r_{ij}-1^p)} \tag{4-65}
$$

$$
d_{jb}=\sqrt[p]{\sum_{i=1}^{m}[w_i(r_{ij}-0)]^p}=\sqrt[p]{\sum_{i=1}^{m}[w_i r_{ij}]^p} \tag{4-66}
$$

为寻求方案 j 相对优属度的最优解，建立目标函数：

$$\min\{F(\mu_j)=(\mu_j d_{jg})^2+(\mu_j^c d_{jb})^2=\mu_j^2 d_{jg}^2+(1-\mu_j)^2 d_{jb}^2 \tag{4-67}$$

令
$$\frac{\mathrm{d}F(\mu_j)}{\mathrm{d}\mu_j}=0$$

解得 μ_j 的最优解计算模型

$$\mu_j=\frac{1}{1+\left(\dfrac{d_{jg}}{d_{jb}}\right)^2} \tag{4-68}$$

式(4-68)即为半结构性决策系统模糊优选模型。

当距离参数 $p=1$ 时,即海明距离,式(4-65)及式(4-66)分别变为

$$d_{jg}=\sum_{i=1}^{m}w(1-r_{ij})=1-\sum_{i=1}^{m}w_i r_{ij} \tag{4-69}$$

$$d_{jg}=1-d_{jb} \tag{4-70}$$

且
$$d_{ij}=1-d_{jb} \tag{4-71}$$

由此,当 $p=1$ 时,半结构性决策系统模糊优选模型(4-68)变为

$$\mu_j=\frac{1}{1+\left(\dfrac{1-d_{jb}}{d_{jb}}\right)^2} \tag{4-72}$$

从上式可看出当距离参数 p 取为海明距离时,相应的模糊优选理论模型(4-72)表示了 μ_j 与 $d_{jb}(=\sum w_i r_{ij})$ 的非线性函数关系。其形式与式(4-40)相同。

4.4.2.4 多层系统模糊优选

设系统分解为 H 层,最高层为 H,若最低层有若干并列的子系统(称为单元系统),每个单元系统均有多个目标特征值输入,式(4-68)对第 i 单元系统计算输出,则方案相对优属度向量为

$$\boldsymbol{\mu}_i^1=(\mu_{i1}^1,\mu_{i2}^1,\cdots,\mu_{in}^1) \tag{4-73}$$

组成 2 层中某个单元系统的第 i 个输入。如图 4-2 所示。

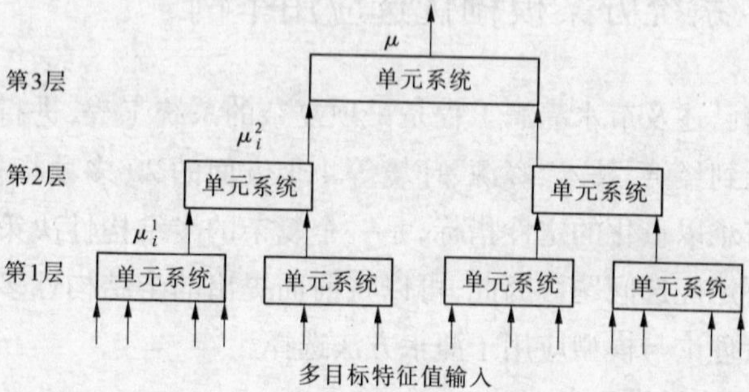

图 4-2　3 层模糊优选系统

令
$$(u_{ij}^1) = (r_{ij}) \tag{4-74}$$
设 2 层并列单元系统的权向量为
$$\boldsymbol{w} = (w_1, w_2, \cdots, w_m)$$
且 $\sum_{i=1}^{m} w_i = 1$；则模糊优选理论模型式(4-68)可用于 2 层单元系统的计算。如此从 1 层向上层进行计算，直至最高 H 层。由于最高层中只有一个单元系统，可得最高 H 层单元系统的输出——方案的相对优属度向量
$$\boldsymbol{\mu} = (\mu_1, \mu_2, \cdots, \mu_n) \tag{4-75}$$
据此可优选多层次多目标系统满意方案。

图 4-2 所示系统分解为 3 层：第一层有 4 个并列的单元系统，每个单元系统均有多个目标特征值输入，其相应的输出为 μ_i^1；第 2 层有 2 个并列的单元系统；第 3 层为最高层，有且仅有 1 个单元系统，输出可供优选的方案相对优属度向量 $\boldsymbol{\mu}$。

图 4-2 中的每个单元系统都有输入与输出，输入变换为输出的非线性作用函数均为模糊优选模型式(4-68)，变换的物理量意义为优选。

4.5 系统方案模糊优选应用举例

前已述及节水灌溉工程是一项复杂的系统工程,进行工程选择涉及到经济、技术、资源、环境等4个方面的20多项指标,有定量也有难以量化的定性指标,是一个复杂的半结构性决策多目标综合评定优选问题。因此,可以将前面提出的半结构性多目标模糊决策理论与模型应用于灌水方法选择。

4.5.1 应用举例

4.5.1.1 典型区基本情况

大名县××灌区位于河北省平原南部漳卫河冲积平原的汇流三角地带,控制面积73 km^2,耕地4 670 hm^2,包括7个乡,人口4.2万人。

灌区内地势平坦,由西南向东北倾斜,自然坡降1/6 000 ~ 1/3 000。灌区土壤肥沃,适合农作物生长,各种作物种植比例为:冬小麦65.5%,春播棉11%,春播粮23.5%,夏播棉10%,夏播粮55%,土地复种指数1.65。灌区内群众1995 ~ 1999年平均人均收入1 400元左右。

灌区位于半干旱半湿润地区,属温带大陆性季风气候区,以西南风和东北风为主,风力一般在4级以下,对灌水工程选择影响不大。灌区的多年平均降雨量为560 mm,降雨在年际间和年内变化均很大,年内降雨多集中在7、8、9月份,占全年降雨量的60%以上,冬季12月~次年2月降雨量最少,不足全年降雨量的3%。农业生产面临主要灾害是旱灾和涝灾,尤以春旱和夏涝最为普遍。冬小麦生长季节降雨量年均120 mm左右,若不灌溉,产量极低。

灌区主要地表水源为卫河来水，据距灌区上游约 30 km 的楚旺站统计，采用 1956～1995 年河道来水资料，P＝75% 时年径流量约 10 亿 m^3。但进入 20 世纪 80 年代以来，河道径流量明显减少，按 1970～1995 年资料统计，P＝75% 时年径流量仅为 6.7 亿 m^3，其中 7～10 月份河道径流量占年径流量的 90% 以上。

灌区地下水多年平均埋深 13 m，地下水矿化度 1.0 g/L，给水度 0.06 左右。

根据土层剖面调查资料，灌区内土壤情况如下：0～20 cm 为红壤土，20～40 cm 为红土，40～55 cm 为红沙壤土，55～100 cm 为沙土，100～200 cm 为红土，土壤容重 1.41 g/cm^3，田间持水率为 25.47%（占干容重的百分数）。

灌区灌溉主要依靠泵站提水灌溉，泵站设计提水能力 5 m^3/s。灌溉方法为明渠输水大田畦灌，灌水定额高达 1 500～1 800 m^3/hm^2。

目前存在的主要问题是：①虽然卫河来水较多，但由于时间分布不均，又没有拦蓄水工程，水资源无法调节，使得水资源利用率极低，一般年份不足 2%。②部分渠系建筑物不配套，无田间渠系工程，且灌区大部分建筑物设施老化，损坏严重，无法正常运行。③泵站所用水泵属淘汰产品，亟待更换。④地下水利用极低，主要供人畜饮用和村镇工业用水。在目前地表水无法满足灌区需水量情况下，地下水亟待开发利用。

为了改变灌区现状，当地政府决定利用部分世界银行贷款和自筹资金进行灌区改造，改造工程要进行的第一步工作就是灌区灌水方法选择。

灌水方法选择中首先通过对特殊影响因素分析，将根本不可行方案淘汰，然后确定灌水方案集合。经对目前成熟灌水方法进行分析，滴灌、微喷灌、膜上（孔）灌和波涌灌、地下滴灌、渗灌分别受水质、作物种植方式、种植品种、机械设备及农业生产责任制、技术成熟性和设备质量影响为不宜采用灌水方法。根据初步分析确定本文拟作为方案比较的灌水方法分别为：固定式喷灌、半固定式喷灌、移动式喷灌、地埋固定式低压管道灌、移动式低压管道灌（小白龙）和畦灌等 6 种方案。

根据所定初步比较方案和确定的影响因素绘制半结构层灌水方法模糊优选系统图如图 4-2 所示。各影响因素及代表符号、编号均如图 4-1 所示。

4.5.1.2 优选过程介绍

在影响因素中，$a_1 \sim a_4$、a_{15}、a_{17}、a_{18}分别为定量指标，其余为定性指标。在定量指标中，$a_1 \sim a_3$、a_{17}、a_{18}为越小越优指标，其中 a_3 的投资使用劳动力情况按每公顷耕地每年灌溉管理使用劳力工日数来表示；a_{18}占地情况按所建工程及灌溉过程中经常性占用耕地占耕地的百分数来表示；a_4、a_{15}为越大越优指标，a_4 用灌溉工程年人均投资与灌区群众年人均收入比值来表示，a_{15}节水程度以地面畦灌为标准（地面畦灌为不节水），按节水百分比表示。以上定量数据从工程规划或有关设计、计算方案中获得，也可以以相类似工程计算结果为参考。

本方案属于具有 3 层结构 2 层系统的方案优选问题，计算总体思路应为先进行分项指标寻优，即求各具体因素对总方案的相对优属度，然后求具体因素在各自分系统中的权重，第三步求分系统在总目标中的权重。最后用加权平均法求分系统在总系统中的隶属度，以相对隶属度最高为最优方案，具体计算步骤如下。

1. 定量目标（因素）相对优属度矩阵计算

首先将定量目标的特征值列于表 4-3 中。

表 4-3　××灌区 7 项定量指标特征值

指标	方案					
	d_1	d_2	d_3	d_4	d_5	d_6
	固喷	半固喷	移喷	小白龙	固定低压管道	畦灌
(1)工程单位面积投资（万元/hm^2）	1.275	0.285	0.45	0.30	0.30	0.075
(2)年运行费(元/hm^2)	630	700	730	600	595	743
(3)投资回收年限(年)	8	5.5	4.0	2.8	2.8	3.0
(4)承担投资能力系数	1.165	1.723	2.973	4.283	4.283	14.91
(15)节水程度(%)	4	8	16	20	15	30
(17)使用劳力情况（工日/（hm^2·年））	2	3	3	3.0	3.5	8
(18)占地比例(%)	30	28	25	25	20	0

经分析已知越大越优定量指标为(4)、(15)，其目标相对优属度的计算公式为

$$_1\gamma_{ij} = \frac{_1x_{ij}}{_1x_{i\max}}, i = 4, 15;\quad j = 1, 2, \cdots, 6$$

其定量目标特征值矩阵为

$$_1\boldsymbol{x} = \begin{bmatrix} 1.165 & 1.723 & 2.973 & 4.283 & 4.283 & 14.91 \\ 30 & 28 & 25 & 25 & 20 & 0 \end{bmatrix}$$

求得$_1x_{4\max} = 14.91$，$_1x_{15\max} = 30$。两项越大越优定性目标的相对优属度矩阵为

$$_1\boldsymbol{R} = \begin{bmatrix} 0.078 & 0.116 & 0.199 & 0.287 & 0.287 & 1 \\ 1 & 0.933 & 0.833 & 0.833 & 0.667 & 0 \end{bmatrix}$$

越小越优定量指标为(1)、(2)、(3)、(17)、(18)，其目标相对

优属度计算公式为

$$_2\gamma_{ij}=\frac{_2x_{i\min}}{_2x_{ij}}\quad(i=1,2,3,17,18;j=1,2,\cdots,6)$$

其定量目标特征矩阵

$$_2\boldsymbol{x}=\begin{bmatrix}1.275 & 0.825 & 0.45 & 0.30 & 0.30 & 0.075\\623 & 700 & 734 & 600 & 595 & 743\\8 & 5.5 & 4.0 & 2.8 & 2.8 & 3.0\\4 & 8 & 16 & 20 & 15 & 30\\2 & 3 & 3 & 3 & 3.5 & 8\end{bmatrix}$$

并求得$_2x_{1\min}=0.075$，$_2x_{2\min}=595$，$_2x_{1\min}=2.8$，$_2x_{17\min}=4$，$_2x_{18\min}=2$，定量指标的相对优属度矩阵

$$_2\boldsymbol{R}=\begin{bmatrix}0.059 & 0.091 & 0.167 & 0.25 & 0.25 & 1.0\\0.955 & 0.850 & 0.811 & 0.801 & 1.0 & 0.922\\0.35 & 0.509 & 0.70 & 1 & 1 & 0.933\\1 & 0.5 & 0.25 & 0.2 & 0.267 & 0.133\\1 & 0.667 & 0.667 & 0.667 & 0.571 & 0.25\end{bmatrix}$$

因为计算越大越优、越小越优目标的公式(4-47)、式(4-53)均源于式(4-26)，即同样以模型式(4-26)为目标相对优属度的计算依据，故矩阵$_1\boldsymbol{R}$ 和$_2\boldsymbol{R}$，可以合在一起构成总体定量目标相对优属度矩阵

$$_A\boldsymbol{R}=\begin{bmatrix}0.059 & 0.091 & 0.167 & 0.250 & 0.25 & 1.0\\0.955 & 0.850 & 0.811 & 0.801 & 1.0 & 0.992\\0.35 & 0.509 & 0.70 & 1.0 & 1.0 & 0.933\\0.078 & 0.116 & 0.199 & 0.287 & 0.287 & 1.0\\1.0 & 0.933 & 0.833 & 0.833 & 0.667 & 0\\1.0 & 0.5 & 0.25 & 0.2 & 0.267 & 0.133\\1.0 & 0.667 & 0.667 & 0.667 & 0.571 & 0.25\end{bmatrix}$$

矩阵中 $i=1,2,3,4,15,17,18;j=1,2,\cdots,6$

2. 定性指标相对优属度矩阵的确定

定性指标的相对优属度也要根据式(4-26)确定。首先就每一个定性指标,对方案集中的每一因素,进行二元比较,给出二元比较优越性排序一致性标度矩阵。然后,再运用专家知识经验与式(4-26)确定定性目标优属度。

现分别对指标层各影响因素定性指标进行优属度计算。

将15个定性指标对各方案影响分别按对应条件进行二元比较优越性排序和结果一致性检验,最后得出各指标二元比较优越性排序一致性标度矩阵。

进行完各指标对灌水方法的二元比较优越性排序一致性标度矩阵推求之后,尚需进行各指标因子对各方案的目标相对优属度确定。

其确定方法以排序第1的方案为基准,依次与第2、3、4、5、6的方案进行对比分析,以表4-2语气算子模糊标度、相对隶属度对应关系为依据,确定各指标因子的相对优属度。现以指标因子对作物适应能力 a_{10} 对各方案的目标相对优属度确定为例,对其确定过程进行说明。

首先分别将表4-2语气算子的11个等级用0~10之间的11个数字代表,并聘请10位节水灌溉技术研究方面的专家,由专家分别对排序第1的方案与排序第2、3、…、6的方案进行对比,给出相对数值。然后对专家打分结果平均值进行一致性检验。例如,以灌水方法对作物适应性指标 a_{10} 为例,经对第一步指标标度矩阵系数求和,a_{10} 指标因子对各灌水方法的优越性排序结果为 d_5(低压管道)、d_6(畦灌)、d_1(固喷)、d_2(半固喷)、d_4(小白龙)、d_3(移喷)。专家打分结果为 d_5 与 d_6 相等,两者相比同等优越,其模糊标度值 $\mu_{1j}=0.5$(j 为排序号 $j=2$),代入式(4-15)(或查表4-3)得到排序号为2的方案 d_1 关于对作物适应性指标的相对优属度 $\varphi_{12}=1.0$。灌水方法低压管道灌溉 d_5 与固定式喷灌 d_1 相比,专家打分结果为1.6分,即属稍稍优越,其模糊标度值$\mu_{13}=0.588$,查表得到$\varphi_{13}=0.700$。同理求得d_5与d_2相比,专家打分为2.0,其模糊标度值$\mu_{14}=0.65$,查表得$\varphi_{14}=0.538$。d_5与d_4相比,评价结果为较为优越程度强,与d_5、d_2差别,查得$\mu_{15}=0.633$,$\varphi_{15}=0.5$。d_5与d_3相比,专家打分均值为3,查得模糊标度值$\mu_{16}=0.73$,$\varphi_{16}=0.360$。

对所有指标,均采用与a_{10}相同的方法推求不同灌水方法模糊标度及相对隶属度。具体推求结果见表4-4。

表4-4　定性目标相对优属度计算结果

指标a_i	指标a_1	方案d_1					
		1	2	3	4	5	6
5	相对优越程度	同样	同样	同样	较为~明显	同样	显著~十分
	相对优属度	1.0	1.0	1.0	0.481	1.0	0.25
6	相对优越程度	同样	同样	稍稍	较为~明显	较为~明显	显著
	相对优属度	1.0	1.0	0.739	0.481	0.481	0.333
7	相对优越程度	同样	稍稍	显著	明显	略为~较为	略为~较为
	相对优属度	1.0	0.739	0.333	0.429	0.600	0.600
8	相对优越程度	同样	稍稍	略为	明显	显著	非常
	相对优属度	1.0	0.818	0.667	0.429	0.333	0.150
9	相对优越程度	较为	较为	较为	稍稍	稍稍	同样
	相对优属度	0.481	0.481	0.48	0.80	0.80	1.0
10	相对优越程度	稍稍~略微	较为	较为~明显	较为	同样	同样
	相对优属度	0.70	0.538	0.360	0.500	1.0	1.0
11	相对优越程度	同样	略为	明显	显著	明显~显著	较为
	相对优属度	1.0	0.630	0.400	0.320	0.35	0.500
12	相对优越程度	较为	明显	显著	明显	稍稍	同样
	相对优属度	0.50	0.40	0.32	0.40	0.78	1.0

续表 4-4

指标 a_i	指标 a_1	方案 d_1					
		1	2	3	4	5	6
13	相对优越程度	同样	同样	同样	明显	明显	明显
	相对优属度	1.0	1.0	1.0	0.4	0.4	0.4
14	相对优越程度	同样	稍稍	略为	显著	显著	显著
	相对优属度	1.0	0.818	0.667	0.32	0.32	0.32
16	相对优越程度	同样	同样	稍稍	较为	较为	非常
	相对优属度	1.0	1.0	0.818	0.50	0.50	0.15
19	相对优越程度	较为	明显	显著	略为	稍稍~同样	同样
	相对优属度	0.50	0.40	0.32	0.667	0.88	1.0
20	相对优越程度	同样	同样	同样	同样	同样	十分
	相对优属度	1.0	1.0	1.0	1.0	1.0	0.22
21	相对优越程度	同样	同样	同样	较为	较为	非常
	相对优属度	1.0	1.0	1.0	0.5	0.5	0.15
22	相对优越程度	同样	同样	明显	较为	同样	略为
	相对优属度	1.0	1.0	0.40	0.50	1.0	0.60

3. 分系统目标权重求解

前面求得的各单项指标的相对优属度,所有单相指标都分属于经济(b_1)、技术(b_2)、资源(b_3)、环境(b_4)4 个分系统,现确定单项目标在各自分系统中的权重。

由于定性目标和定量目标的相对优属度计算确定公式的基础相同,因此在理论上可以将定量目标与定性目标的相对优属度合并组成半结构性目标相对优属度矩阵。其结果如下:

经济分系统所属指标因子为 $a_1 \sim a_5$,相对优属度矩阵为

$$\boldsymbol{B}_{经济}=\begin{bmatrix}0.059 & 0.091 & 0.167 & 0.250 & 0.250 & 1.0\\ 0.955 & 0.850 & 0.811 & 0.801 & 1.0 & 0.992\\ 0.350 & 0.509 & 0.70 & 0.933 & 1.0 & 1.0\\ 0.078 & 0.116 & 0.199 & 0.287 & 0.287 & 1.0\\ 1.0 & 1.0 & 1.0 & 0.481 & 1.0 & 0.25\end{bmatrix}\begin{matrix}a_1\\a_2\\a_3\\a_4\\a_5\end{matrix}$$

技术分系统所属指标因子为 $a_6\sim a_{14}$，相对优属度矩阵为

$$\boldsymbol{B}_{技术}=\begin{bmatrix}1.0 & 1.0 & 0.739 & 0.481 & 0.481 & 0.333\\ 1.0 & 0.739 & 0.333 & 0.429 & 0.600 & 0.600\\ 1.0 & 0.818 & 0.667 & 0.429 & 0.333 & 0.150\\ 0.481 & 0.481 & 0.481 & 0.80 & 0.80 & 1.0\\ 0.70 & 0.538 & 0.360 & 0.50 & 1.0 & 1.0\\ 1.0 & 0.63 & 0.40 & 0.32 & 0.35 & 0.50\\ 0.5 & 0.4 & 0.32 & 0.40 & 0.78 & 1.0\\ 1.0 & 1.0 & 1.0 & 0.4 & 0.4 & 0.4\\ 1.0 & 0.818 & 0.667 & 0.32 & 0.32 & 0.32\end{bmatrix}\begin{matrix}a_6\\a_7\\a_8\\a_9\\a_{10}\\a_{11}\\a_{12}\\a_{13}\\a_{14}\end{matrix}$$

资源分系统所属指标因子为 $a_{15}\sim a_{18}$，相对优属度矩阵为

$$\boldsymbol{B}_{资源}=\begin{bmatrix}1.0 & 0.933 & 0.833 & 0.833 & 0.667 & 0\\ 1.0 & 1.0 & 0.818 & 0.50 & 0.50 & 0.15\\ 1.0 & 0.5 & 0.25 & 0.20 & 0.267 & 0.133\\ 1.0 & 0.667 & 0.667 & 0.667 & 0.571 & 0.25\end{bmatrix}\begin{matrix}a_{15}\\a_{16}\\a_{17}\\a_{18}\end{matrix}$$

环境分系统所属指标因子为 $a_{19}\sim a_{22}$，相对优属度矩阵为

$$\boldsymbol{B}_{环境}=\begin{bmatrix}0.5 & 0.4 & 0.32 & 0.667 & 0.88 & 1.0\\ 1.0 & 1.0 & 1.0 & 1.0 & 1.0 & 0.22\\ 1.0 & 1.0 & 1.0 & 0.50 & 0.50 & 0.15\\ 1.0 & 1.0 & 0.40 & 0.50 & 1.0 & 0.60\end{bmatrix}\begin{matrix}a_{19}\\a_{20}\\a_{21}\\a_{22}\end{matrix}$$

现在分别求各因子在分系统内的指标权重。其方法是在对将各因子进行二元对比后将所求得的相对优属度值进行归一化处理，现以经济分系统为例对目标权重求解予以说明。

(1)给出指标之间二元对比标度矩阵,即

$$
\begin{array}{c}
\quad a_1 \quad a_2 \quad a_3 \quad a_4 \quad a_5 \\
\boldsymbol{E}_{\text{环境}} = \begin{bmatrix} 0.5 & 0.5 & 0 & 1 & 0.5 \\ 0.5 & 0.5 & 0 & 1 & 0.5 \\ 1 & 1 & 0.5 & 1 & 1 \\ 0 & 0 & 0 & 0.5 & 0.5 \\ 0.5 & 0.5 & 0 & 0.5 & 0.5 \end{bmatrix} \begin{array}{ll} 2.5 & a_1 \\ 2.5 & a_2 \\ 4.5 & a_3 \\ 1 & a_4 \\ 2 & a_5 \end{array}
\end{array}
$$

以上矩阵 $E_{经济}$ 通过一致性检验,按矩阵 $E_{经济}$ 各行元素值之和,得到各个目标关于重要性排序为 a_3、a_1、a_2、a_5、a_4。

(2)根据重要性排序,确定权重。以 a_3 为标准,分别与 a_1、a_2、a_5、a_4 进行关于重要性二元对比。对比过程仍通过聘请专家打分确定,然后采用表 4-2 进行指标优属度归一化经济因素分系统各指标权重计算,计算结果如表 4-5 所示。

表 4-5　经济指标分系统各因素优属度及归一化权重计算

指标 a_1		比较指标因子				
		a_1	a_2	a_3	a_4	a_5
a_3	优越性比较	略微	略微	同样	明显	较为
	相对优属度	0. 780	0. 780	1. 000	0. 400	0. 510
	归一化权重	0. 225	0. 225	0. 228	0. 115	0. 147

依此方法分别进行技术因素分系统、资源因素分系统和环境因素分系统各指标相对优属度及归一化权重计算,其结果列于表 4-6、表 4-7、表 4-8。

表 4-6 技术指标分系统各指标优属度及归一化权重计算

指标 a_1		比较指标								
		a_6	a_7	a_8	a_9	a_{10}	a_{11}	a_{12}	a_{13}	a_{14}
a_8	优越性比较	较为	较为	同样	较为	同样	较为	较为	非常	极其
	相对优属度	0.481	0.481	1.000	0.481	1.000	0.481	0.481	0.250	0.100
	归一化指标权重	0.101	0.101	0.210	0.101	0.210	0.101	0.101	0.053	0.021

表 4-7 资源指标分系统各指标优属度及归一化权重计算

指标 a_i		比较指标			
		a_{15}	a_{16}	a_{17}	a_{18}
a_{15}	优越性比较	同样	显著	较为	稍微
	相对优属度	1.000	0.300	0.530	0.820
	归一化指标权重	0.377	0.113	0.200	0.309

表 4-8 环境指标分系统各指标优属度及归一化权重计算

指标 a_i		比较指标			
		a_{19}	a_{20}	a_{21}	a_{22}
a_{19}	优越性比较	同样	明显	同样	同样
	相对优属度	1.000	0.400	1.000	1.000
	归一化指标权重	0.299	0.118	0.299	0.299

最后确定 4 个分系统 $b_1 \sim b_2$ 对于总系统 C 的权重。步骤方法与确定分系统指标权重相同。计算结果见表 4-9。

表 4-9 总系统中各分系统指标优属度及归一化权重计算

指标 b_1		比较指标			
		b_1	b_2	b_3	b_4
b_1	优越性比较	同样	同样	略为	较为
	相对优属度	1.000	0.900	0.650	0.530
	归一化指标权重	0.325	0.292	0.211	0.172

将全系统各指标相对优属度、指标权重及分系统权重进行统计，汇成相对优属度、指标权重及分系统权重统计表，如表 4-10 所示。

表 4-10 相对优属度、指标权重及分系统权重计算成果

分系统权重	分系统	指标权重	指标	对各方案相对优属度					
				d_1	d_2	d_3	d_4	d_5	d_6
0.325	经济因素 b_1	0.225	a_1	0.059	0.091	0.167	0.250	0.250	1.000
		0.225	a_2	0.955	0.850	0.811	0.801	1.000	0.992
		0.288	a_3	0.350	0.509	0.700	0.933	1.000	1.000
		0.115	a_4	0.078	0.116	0.199	0.287	0.287	1.000
		0.147	a_5	1.000	1.000	1.000	0.481	1.000	0.250
0.292	技术因素 b_2	0.101	a_6	1.000	1.000	0.739	0.481	0.481	0.333
		0.101	a_7	1.000	0.739	0.333	0.429	0.600	0.600
		0.210	a_8	1.000	0.818	0.667	0.429	0.333	0.150
		0.101	a_9	0.481	0.481	0.481	0.800	0.800	1.000
		0.210	a_{10}	0.700	0.538	0.360	0.500	1.000	1.000
		0.101	a_{11}	1.000	0.630	0.400	0.320	0.350	0.500
		0.101	a_{12}	0.500	0.400	0.320	0.400	0.780	1.000
		0.053	a_{13}	1.000	1.000	1.000	0.400	0.400	0.400
		0.021	a_{14}	1.000	0.818	0.667	0.320	0.320	0.320

续表 4-10

分系统权重	分系统	指标权重	指标	对各方案相对优属度					
				d_1	d_2	d_3	d_4	d_5	d_6
0.211	资源因素 b_3	0.377	a_{15}	1.000	0.933	0.833	0.833	0.667	0.000
		0.113	a_{16}	1.000	1.000	0.180	0.500	0.500	0.150
		0.200	a_{17}	1.000	0.500	0.250	0.200	0.267	0.135
		0.309	a_{18}	1.000	0.667	0.667	0.667	0.571	0.250
0.172	环境因素 b_4	0.299	a_{19}	0.500	0.400	0.320	0.667	0.880	1.000
		0.118	a_{20}	1.000	1.000	1.000	1.000	1.000	0.220
		0.299	a_{21}	1.000	1.000	1.000	0.500	0.500	0.150
		0.299	a_{22}	1.000	1.000	0.400	0.500	1.000	0.600

根据表 4-10 的有关数据，应用式(4-70)分别求得各分系统 b_1、b_2、b_3、b_4，对于 6 种灌水方法 d_1、d_2、d_3、d_4、d_5、d_6 对于优的相对隶属度矩阵为

$$\boldsymbol{R}=\begin{array}{c} \begin{matrix} d_1 & d_2 & d_3 & d_4 & d_5 & d_6 \end{matrix} \\ \begin{bmatrix} 0.470 & 0.537 & 0.677 & 0.708 & 0.899 & 0.984 \\ 0.961 & 0.823 & 0.466 & 0.437 & 0.713 & 0.720 \\ 1.000 & 0.919 & 0.675 & 0.721 & 0.575 & 0.019 \\ 0.976 & 0.963 & 0.747 & 0.721 & 0.960 & 0.597 \end{bmatrix} \end{array}\begin{matrix} b_1 \\ b_2 \\ b_3 \\ b_4 \end{matrix}$$

将表 4-10 中分系统权重和矩阵 $\boldsymbol{R}$ 中数据代入式(4-70)求得总系统 C 关于 6 种灌水方法 d_1、d_2、d_3、d_4、d_5、d_6 的优属度为

$$\begin{matrix} & d_1 & d_2 & d_3 & d_4 & d_5 & d_6 \\ \mu = (& 0.812 & 0.922 & 0.738 & 0.750 & 0.962 & 0.754) \end{matrix}$$

由以上结果看出，按优属度结果，× ×灌区进行灌水方式选择的优选顺序：为①地埋低压管道；②半固定喷灌；③固定式喷灌；④其他畦灌、小白龙和移动式喷灌优劣性非常接近。所以以选择地

埋低压管道或半固定式喷灌为宜。

4.5.2 对研究成果的认识

上一节采用水资源巨系统与半结构性多目标模糊优选理论相结合,进行了灌水技术的选择研究,并得出了理想的优选结果。通过对优选过程的分析得出如下认识:

(1)开放的复杂水资源巨系统分析技术与半结构性多目标模糊优选理论相结合,可以解决灌水技术选择这一影响广泛的复杂的问题,这一方法不仅可用于多种灌水方法所优选,还可用于进行同种灌水方法不同方案之间的优选。

(2)灌水方法优选的前提是指标因子的确定。指标因子的确定对于不同外部环境条件,因子选择也将会有所区别,但在选择过程中应抓住重点,考虑全面。否则漏掉重要因素将对最后结果产生影响,甚至可能影响到最后方案的确定。

(3)定性优属度的确定和二元指标因子语气算子的选择应采取聘请多位专家综合、分项评议,并进行打分的方法。尤其对难以对比的指标因子,进行二元对比中语气算子选择时应适当增加专家人数。

4.5.3 灌水方法优选计算步骤小结

经归纳,灌水方法优选计算具体步骤如下:

(1)确定典型灌区,并收集灌区自然、社会、地理、经济、水文、气象等基本资料。

(2)用主要因素一票否决法,排除明显不可实施节水灌溉方法,并确定进行灌水方法所选择的比较方案集合。

(3)进行典型区影响因素分析,确定其主要影响指标,并进行影响指标分类。

(4)分别采用式(4-36)、式(4-42)对定量影响指标进行优属度计算。

(5)用二元对比法,以对灌水方法相对优越性为比较对象,分别对各定性指标建立二元对比定性优属度矩阵，进行矩阵一致性判别及调整，然后通过对矩阵各行因子求和，进行指标优越性排序。

(6)以排序第1方案为基准，聘请数名专家，以语气算子为依据，确定模糊标度值，然后用式(4-27) $\varphi_{1j}=(1-\mu_{1j})/\mu_{1j}$ 或表4-3推求定性目标相对优属度。

(7)按系统分别采用(5)~(6)步骤进行各指标因子对系统因素相对权向量推求，然后进行权向量归一处理，求得各指标权重。

(8)采用式(4-59)求分系统对灌水方法的相对优属度。

(9)再采用式(4-59)，求总系统对各灌水方法的相对优属度，其数值最大者所对应的即为最优方案。各数值对比即确定了方案的相对优越性排序。

以上计算过程，通过编制灌水技术优选专家系统软件完成。软件编制方法及思路详见第6章。

第5章 灌区水资源优化分配及渠系优化配水决策研究

我国北方地区由于降雨量偏少,水资源总量明显低于南方地区。随着工农业生产发展,用水量的增加,水资源短缺问题越来越严重。对于北方绝大部分灌区,一般均只能对作物进行非充分灌溉,灌区灌溉管理的主要研究内容之一就是研究在已定农作物种植比例条件下如何将有限的水资源分配给各种作物,以期获得最大效益。

5.1 有限水资源在作物间的最优分配

5.1.1 水分生产函数的建立及参数推求

5.1.1.1 水分生产函数形式分析

为了进行水资源优化分配,达到最高效益的目标,首先必须建立各种作物全生育期耗水量—产量函数,然后针对不同频率年在耗水量中扣除作物全生育阶段的有效降雨量和所分析土层内的土壤水变化量,即可获得作物对应频率年的灌水量—作物产量函数,再利用作物耗水量—灌水量—产量(效益)之间的间接关系,即可得到灌水量与净效益函数。

在具体求解过程中,一般先建立不同频率年灌水量—粮食产量函数关系式,然后利用投入产出关系再建立灌水量与灌溉效益函数。通过对灌水量—灌溉效益函数求导,可获得作物单位灌水量的效益变化率,即边际效益。根据边际效益,可推测单一作物有限水资源的优化灌溉方式。

水分生产函数公式通常有线性关系、抛物线关系、幂指数关系等形式。参照大量研究成果并通过对以往灌溉试验实测数据分析,笔者认为就我国黄淮海平原区而言,水分生产函数一般以采用二次抛物线形式为宜。

设公式基本形式如下:

$$Y = ax^2 + bx + c \tag{5-1}$$

式中:Y 为单位面积产量,kg/hm²;x 为单位面积耗水量,m³/hm²;a、b、c 为回归分析系数。

若令 $Q = \sum_{i=1}^{n}(Y - Y_i)^2 = \sum_{i=1}^{n}(ax_i^2 + bx_i + c_i - Y_i)^2$,要求 a、b 和 c 的值,可以通过令

$$\frac{\partial Q}{\partial a}=0,\frac{\partial Q}{\partial b}=0,\frac{\partial Q}{\partial c}=0$$

这 3 个条件列出一个三元一次方程组,该方程组的解即为所求,方程组形式如下:

$$\left.\begin{aligned} a\sum_{i=1}^{n}x_i^4 + b\sum_{i=1}^{n}x_i^3 + c\sum_{i=1}^{n}x_i^2 &= \sum_{i=1}^{n}x_i^2 Y_i \\ a\sum_{i=1}^{n}x_i^3 + b\sum_{i=1}^{n}x_i^2 + c\sum_{i=1}^{n}x_i &= \sum_{i=1}^{n}x_i Y_i \\ a\sum_{i=1}^{n}x_i^2 + b\sum_{i=1}^{n}x_i + c\cdot n &= \sum_{i=1}^{n}Y_i \end{aligned}\right\} \tag{5-2}$$

式中:x_i、Y_i 分别为实测点的耗水量及其对应的作物产量;n 表示实测资料点数。

5.1.1.2 水分生产函数关系式应用举例

在作物产量中扣除不灌水条件下的产量即可得出灌水量与作物增产量之间的函数关系。

以相同农业生产投入为依据,根据农业生产过程中的投入产

出关系，以不同频率年与灌水条件下的作物产出为对照，利用如下公式即可求得不同频率年各种作物对应不同灌水量等级的增产效益及灌溉效益。

$$B_i = KY_i - (V_{变} + V_{不变}) - (KY_0 - V_{不变}) = K(Y_i - Y_0) - V_{变} \tag{5-3}$$

式中：B_i 为由于灌水而获得的增产效益，元/hm^2；K 为作物价格，元/kg；$V_{不变}$为单位面积上的固定投资，研究中一般将不同频率年和不同灌水量水平的 $V_{不变}$ 均取为定值；Y_i 为单位面积不同灌水量的作物产量；Y_0 为单位面积不灌水条件下作物产量；$V_{变}$ 为可变投资，研究中仅考虑灌水量不同所需支出的水费。

灌溉效益采用如下计算公式，即

$$B_{\varepsilon i} = \varepsilon B_i \tag{5-4}$$

式中：$B_{\varepsilon i}$为灌溉效益，元/hm^2；ε 为作物与不灌水相比所增加效益的灌水因素效益分摊系数，一般取冬小麦 $\varepsilon = 0.45$，其他作物 $\varepsilon = 0.4$。

利用河北省大名县灌区灌溉试验资料和典型区农业投入产出数据，求得该灌区 5 种主要农作物 $P = 75\%$ 年灌水量与作物产量关系式（见表 5-1）、年灌水量与灌溉效益函数关系式（见表 5-2）和相关曲线（见图 5-1 和图 5-2）。

表 5-1　$P = 75\%$ 典型年灌水量与作物产量关系式

作物	相关公式
夏玉米	$Y = -0.000\,4x^2 + 1.64x + 4\,455$
春玉米	$Y = -0.000\,7x^2 + 3.96x + 1\,828$
春播棉	$Y = -0.000\,2x^2 + 1.37x + 688$
夏播棉	$Y = -0.000\,4x^2 + 0.87x + 1\,335$
冬小麦	$Y = -0.000\,6x^2 + 3.5x + 1\,082$

注：式中 Y 为作物产量，kg/hm^2；x 为年灌水量，m^3/hm^2。

表 5-2　$P = 75\%$ 典型年灌水量与灌溉效益关系式

作物	相关公式
夏玉米	$A = -0.000\,2x^2 + 0.85x - 1\,400$
春玉米	$A = -0.000\,4x^2 + 2.15x - 5\,900$
春播棉	$A = -0.000\,49x^2 + 2.21x + 15$
夏播棉	$A = -0.000\,9x^2 + 1.39x - 38$
冬小麦	$A = -0.000\,44x^2 + 2.57x + 1.35$

注：A 为灌溉效益，元/hm^2；x 为年灌水量，m^3/hm^2。

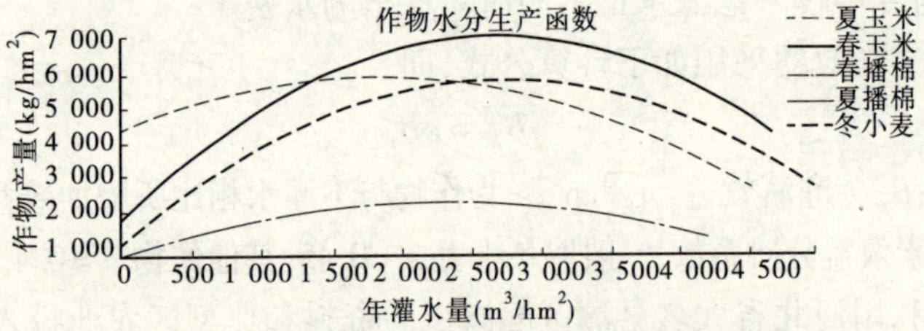

图 5-1　不同作物年灌水量与作物产量关系图

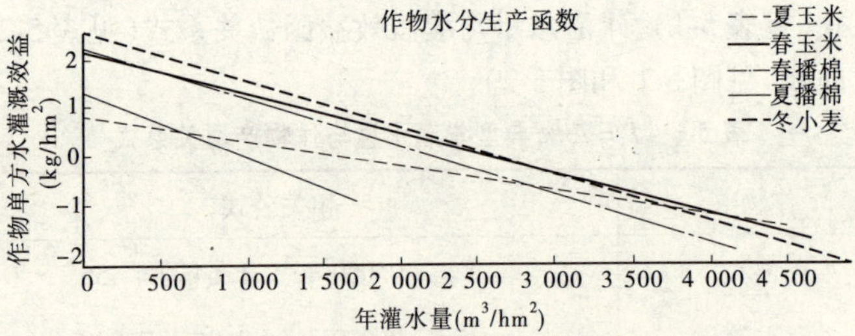

图 5-2　作物边际效益(单方水灌溉效益)图

从表 5-2 中相关公式可以看出，所有灌水量与灌溉效益函数中其参数 a 均为负值，若将各公式求导，得出单位灌水量增产效益变化率(即边际效益)公式形式均为 $A' = 2aB + b$，a 是负值，证明变化率为线性变化，其斜率为负值，即单位水量所产生效益将随灌水量的增加而逐渐降低。此结论说明,对于单一作物在总灌水量所产生的效益未达到最高效益之前,以平均分配水量的方式进行灌溉,获得最大效益。

5.1.2 灌区水资源优化分配的计算

5.1.2.1 优化方法选择

在灌区水资源管理中,采用的系统分析方法主要有线性规划、非线性规划、大系统优化、动态规划等方法。

在灌区有限水资源条件下的农作物种植比例优化多采用线性和非线性规划,多灌区间的水资源优化多采用大系统优化,而同一时期有限水资源优化则多采用线性规划法。对于单一水库水资源优化调度,工程线路选择和有限水资源在不进行农业种植结构调整的长时段水资源优化分配则多采用动态规划法。本书主要研究在农业种植结构不变条件下,把有限水资源进行合理分配,获得灌区总效益最大的问题,据此采用动态规划法。

5.1.2.2 水资源优化分配计算

1. 数学模型建立

采用动态规划法进行水资源优化分配,首先应建立数学模型,其数学模型主要包括如下5个部分。

(1)阶段变量。一般将每种作物作为一个用水单位,即看做一个阶段,对具有 N 种作物的灌区,将共有 N 个阶段变量,即阶段变量 $n=1,2,\cdots,N$。

(2)状态变量和决策变量。状态变量为各阶段可用于分配的有效水量,以 q_n 表示,决策变量为供给每种作物的水量,即各阶段供水量以 x_n 表示。

(3)系统方程。根据状态变量和决策变量之间的关系,可推得系统方程为

$$q_{n+1}=q_n-x_n \tag{5-5}$$

(4)目标函数。设 $F^*(w)$ 为以总水量 W 分配给 N 种作物而

获得的最大总净效益(以后称灌溉效益为总净效益),则

$$F^*(w) = \max\left\{\sum_{i=1}^{N} r_n(x_n)\right\} \tag{5-6}$$

(5)约束条件。①供给各种作物水量之和不超过水资源总量。②供给第 n 种作物的水量 x_n 不能超过第 n 种作物在需供水阶段渠道最大过水能力、水源地可提供水资源及总水资源三者中的最小值,且非负。③$q_n(n=1,2,\cdots,N)$不能超过各阶段同时可能供给 n 种作物的水量。④初始条件:$q_1 = W_{总}$,即约束条件第①条。

利用上述已知和约束条件,以及初始条件,建立水资源优化动态模型,采用逆序递推方法求解上述数学模型,其递推方程为

$$\begin{aligned} f_n^*(q_n) &= \max_{\substack{0\leqslant x_n\leqslant q_n \\ 0\leqslant q_n\leqslant W}} \{r_n(x_n) f_{n+1}^*(q_{n-1})\} \quad (n=1,2,\cdots,N-1) \\ f_N^*(q) &= \max\{r_N(x_N)\} \quad n=N, 0\leqslant x_N\leqslant q_N \end{aligned} \tag{5-7}$$

2. 模型应用

以××典型灌区为例,该灌区控制面积 73 km^2,灌溉面积 4 667 hm^2,灌区主要农作物及种植比例分别为冬小麦 65.5%,春播棉 11%,春玉米 23.5%,夏播棉 10%,夏玉米 55%,复种指数 1.65。该灌区在 $P=75\%$ 年份地表水总供水量为 1 650 万 m^3。现将总供水量按每 10 万 m^3 为一个计算单元进行离散,然后利用已建立的灌水量—灌溉效益函数公式,根据作物种植面积求解出不同作物的灌溉效益。然后利用已建动态规划数学模型,采用逆序递推方法,逐阶段进行优化配水计算。

具体计算过程通过编制计算程序(具体计算软件待以后叙述),由计算机进行计算。

最后求得该典型区 $P=75\%$ 年各种作物优化分配水量及灌溉

总效益、不同作物灌溉效益及单方水效益结果如图 5-3 所示。

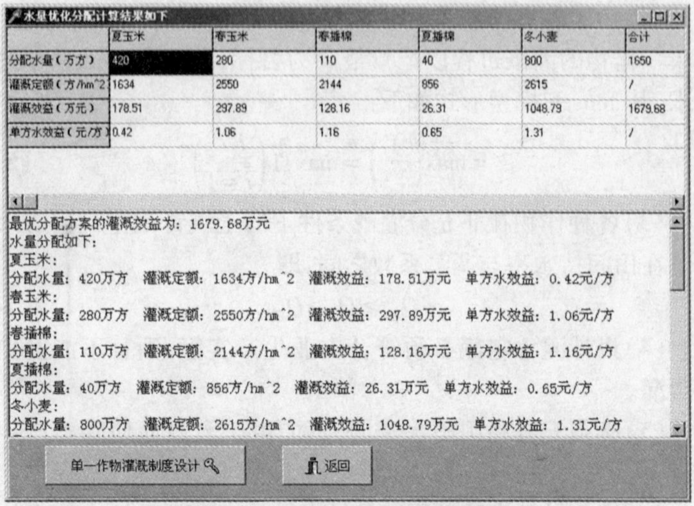

	夏玉米	春玉米	春播棉	夏播棉	冬小麦	合计
分配水量（万方）	420	280	110	40	800	1650
灌溉定额（方/hm^2	1634	2550	2144	856	2615	/
灌溉效益（万元）	178.51	297.89	128.16	26.31	1048.79	1679.68
单方水效益（元/方	0.42	1.06	1.16	0.65	1.31	/

图 5-3　水量优化分配结果统计

3. 优化分配结果分析

将各种作物优化分配水量与最高效益点的灌水量值相比可看出：所有作物优化分配水量灌溉定额均小于达到最高效益点所需水量，说明优化分配所有水量的单方水灌溉效益均大于供水成本。在各作物间，冬小麦分配总水量和灌溉定额均是最大的，其单方水效益也是最高的，而夏播棉和夏玉米由于作物需水过程和降雨过程耦合性较好，作物在无灌溉情况下相对产量较高，故优化分配的单方水灌溉定额较小，单方水的经济效益也较低。

5.2　灌区实际优化配水过程设计

进行灌区水资源在作物间的优化分配，只是完成了灌区优化供水的第一步。优化方案的具体实施还需依靠渠系的实际供水过程来完成。在进行灌区实际供水过程设计中，遵循以下原则：

(1)各作物实际供水量以优化分配水量为依据。

(2)由于各种作物实际供水量均在最高效益点供水量左侧,故单一作物的灌溉过程以产量最高为目标,利用 Jensen 模型进行推求,其 Jensen 模型形式如下:

$$F=\max\left(\frac{Y}{Y_m}\right)=\max\prod_{i=1}^{n}\left(\frac{ET_i}{i=1}\right)^{\lambda_i} \tag{5-8}$$

(3)各种作物在非充分灌溉条件下的土壤计划湿润层含水率控制在田间持水率与凋萎系数之间,即

$$Q_{田}\geqslant Q_i\geqslant Q_{凋} \tag{5-9}$$

(4)设计灌水定额必须符合农业生产实际,而且不能发生深层渗漏。

(5)必须充分利用雨水资源,不能由于灌溉而使降雨产生额外径流。

(6)灌溉过程设计必须满足供水量约束和渠系输水能力约束条件。

在最优方案设计中,采用模拟模型方式,以水量平衡方程为基本原理,在设定降雨过程之后,通过调整次灌水定额、各生育阶段土壤计划湿润层最低含水率来预测作物耗水过程和灌水时间。

整个供水过程通过编制计算机管理专家系统软件来完成,在输入各生育阶段作物灌水定额和最低含水率下限后,即可预测作物全生育期的灌水时间、灌水量、弃水量和作物实际产量与充分灌溉时的产量比值。然后以初步设计灌溉方案为基础,从计划湿润层土壤含水率变化过程线图中,确定修正指标通过数次设计方案的修正即可获得实际产量与充分灌溉时产量比值最高的结果。若实际降雨过程发生了变化,也可对供水过程和最低含水率下限进行实时修正,以期获得更高的作物产量。

此方法适用于各种降雨频率的作物灌水过程设计。单一作物优化灌溉过程设计框图见图 5-4。

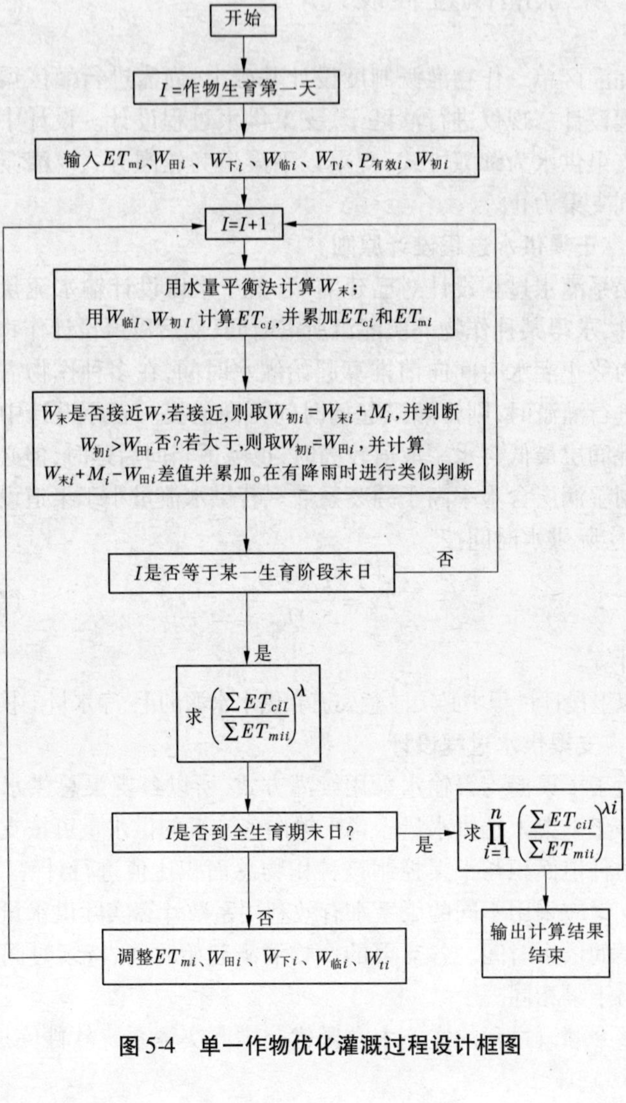

图 5-4　单一作物优化灌溉过程设计框图

5.3 渠系灌溉过程设计

在灌区单一作物灌溉制度设计基础上,尚需进行灌区渠系供水过程设计。现仅进行灌区干、支渠供水过程设计。设计中取干渠向支渠供水为续灌方式,支渠以下渠道为轮灌方式。灌溉渠系设计到支渠为止。

5.3.1 干渠供水过程设计原则

渠系灌水过程设计对已建灌区,其干渠以设计输水流量为控制条件,求得某种作物一次灌溉所需时间,然后以原设计作物灌水时间为终止灌水时间向前推算起始灌水时间,在多种作物需同一时段进行灌溉时,则将灌溉起始时间再向前提。若原设计中土壤计划湿润层最低含水率取值较高时,也可适当向后延时,但必须保证计划湿润层含水率高于凋萎系数。若供水流量小于渠道设计流量,则实际供水时间按

$$T_{实} = \frac{T_{设} \cdot Q_{设}}{Q_{实}} \tag{5-10}$$

进行计算。

以上设计过程中必须注意渠道和供水水源的毛、净水量的换算。

5.3.2 支渠供水过程设计

由于干渠向支渠输水采用续灌方式,所以各支渠总供水量之和应等于干渠末端供水量。各干渠向各支渠的供水量可按支渠某种作物种植面积与干渠控制该种作物总面积比值进行计算,但对不同支渠应采用不同的渠系水有效利用系数计算实际供水量和向各支渠的供水时间。各支渠的作物灌溉起始时间、持续时间计算方法与干渠相同。

整个灌溉过程的实施由灌区优化灌溉决策系统软件完成,详见第6章。

第6章 区域水资源规划及灌区节水增产灌溉专家系统软件研制

前已述及本软件是以研究成果能达到实用为目的的。为达到此目标,现以前面各章研究基本理论为依据,编制相应的应用程序软件。

由于区域水资源规划及灌区节水增产灌溉专家系统研究内容的多样性和许多问题不仅需要计算性知识,还需要利用专业经验知识才能完成研究,推理目标,因此决定采用专业专家经验和理论数值计算相结合的方法,研制具有智能化功能的灌区水资源评价及节水高效灌溉专家系统软件,以下简称"灌溉决策系统"。

6.1 专家系统程序基本结构及特点简介

6.1.1 专家系统定义

专家系统是一个采用基于知识的程序设计方法建立起来的,在某一相关领域中有专家解题水平的计算机系统。它能像领域专家那样,应用多年积累的经验和专门知识,通过推理,对所研究领域的问题作出智能决策。

专家系统是人工智能中最活跃、最有成就的一个研究领域。它的理论基础是人工智能的知识表示和问题求解技术。

6.1.2 专家系统结构

完整的专家系统应该包括人机交互接口、知识库、推理机、数据库、知识获取机构、解释机构6个部分,如图6-1所示。作为一个专家系统，又至少应包括知识库、推理机、知识获取机构和人机交互接口 4 个部分。

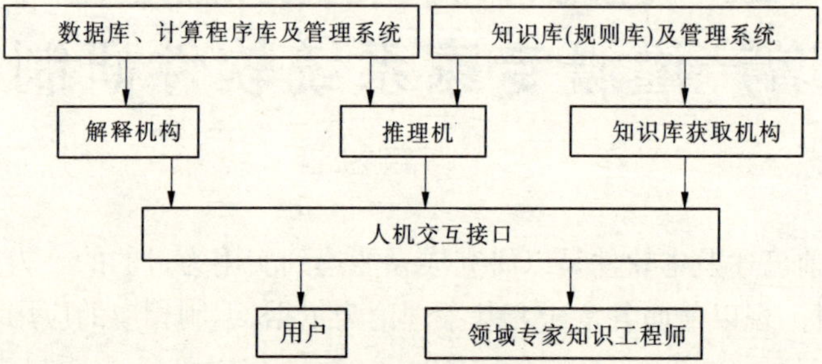

图 6-1　专家系统结构

在专家系统结构中，知识库是系统的核心部分，其知识以一定的形式表示，它独立于系统的其他部分，是专家系统的最主要特征。知识库用于存储研究领域内的原理性、规划性知识和专家的经验性知识及相关事实等。知识库中的知识来源于知识获取机构，同时它又为推理机提供求解问题所需的知识。

推理机是专家系统的思维机构，也是构成系统的核心部分之一，它包括知识库管理系统和推理机，其任务是模拟领域专家的思维过程，控制并执行对问题的求解。推理机在求解问题过程中，能使用知识库中的知识按一定的推理方法控制策略进行推理。推理机和知识库既相互独立又协同工作，求解问题是专家系统的一大特点。

知识库获取机构由一组程序组成。其基本任务是把知识按结构化形式输入到知识库中，并负责维护知识的一致性及完整性。在不同系统中，知识获取机构的功能和实现方法差别较大。有的首先将知识编成软件，然后送入知识库中，有的则由系统直接与领域专家对话获取知识。

人机交互接口又称用户界面，由一组程序及相应的硬件组成，用于完成人机对话式的信息、数据、知识输入和多种形式的中间、最终结果输出。用户界面尽可能地拟人化，使其能理解和处理表格、图像、语言，力争建立符合人的思维方式和问题求解过程的窗口系统。在一般计算机配置不高的情况下，人机交互接口多采用如下两种方式：

(1)菜单方式。系统把有关功能的菜单形式列出，供用户选择，一旦某条目被选中，系统则执行相应功能或进入下一级子菜单，供用户作进一步选择。

(2)命令方式。系统按功能定义一组命令，当用户需要系统某一功能时，就输入相应的命令，系统按指定的命令完成相应的任务。

数据库是用于存放用户提供初始事实、初始数据、问题描述以及系统运行过程中的中间结果、最终结果、运行信息等的工作存储器。

解释机构能够对自己的行为作出解释，回答用户提出的“为什么”及“结论是如何得出的”等问题。解释机构由一组程序组成，能跟踪记录推理过程，当用户提出询问需要给出解释时，将解答按约定的形式通过人机接口输出给用户。

6.2 灌溉专家系统软件研制

根据基本理论研究成果，本灌溉专家系统软件设计包括 5 个子系统，即水资源计算及规划子系统；灌区水资源数值模拟计算子系统；灌区农业用水量及灌排制度设计子系统；灌水技术选择子系统；灌区水资源优化灌溉决策子系统。

以上 5 个子系统又包含在笔者所承担的水利部重点科研项目“区域水资源规划及节水增产灌溉专家系统总体软件”之中。

在系统软件之中，5 个子系统之间以及与其他子系统之间既有互相联系，又可独立应用，以便用于解决灌区水资源开发、利用中的不同问题。

5 个子系统中水资源计算及最优规划计算子系统包括灌区水文要素分析、水资源量计算和需水预测、灌区水资源优化规划计算等4 个子程序。而最优规划计算是以水资源计算成果为依据进行的。

灌区水资源数值模拟计算子系统则包括采用人工神经网络进行地下水位预报、采用数值法（有限元法）进行地下水资源评价计算两个子程序。农业用水量及灌区水盐平衡灌排制度设计子程序则是系统中的独立计算子程序。

5 个子系统中的前 3 个子系统的主要功能是计算和成果输出。其系统程序均采用具有与 C + +语言相似的面向对象的具有 Pascal 语言编程能力的 Borland Delphi 3.0 系统开发软件编制，并外挂用 Fortran power station 4.0 编写的计算模块，进行有限元、BP 神经网络等复杂计算。软件的数据采用 Pradox7.0 数据库格式进行设计。程序编制所采用理论及计算方法均在前面进行过论述。

灌区灌水技术选择和灌溉优化两个子系统是独立采用专家系统原理及技术编制的，系统程序也是本研究内容的主要部分，所用程序语言与前相同，研究思路将在后面详细论述。

作为北方平原灌区水资源评价及节水高效灌溉专家系统，其总程序界面如图 6-2 所示，其总体结构形式如图 6-3 所示，图中列出了总系统控制下的 7 个子菜单名称。子菜单汉字窗口之下，还有以各种图标表示的系统操作功能快捷键，将鼠标箭头放入快捷键处可显示由汉字提示的对应功能，用鼠标点击即可进行相应的各种操作。一级子菜单中的系统维护窗口属数据库管理部分，主要用于软件使用过程中数据库数据分区、数据选择和管理。

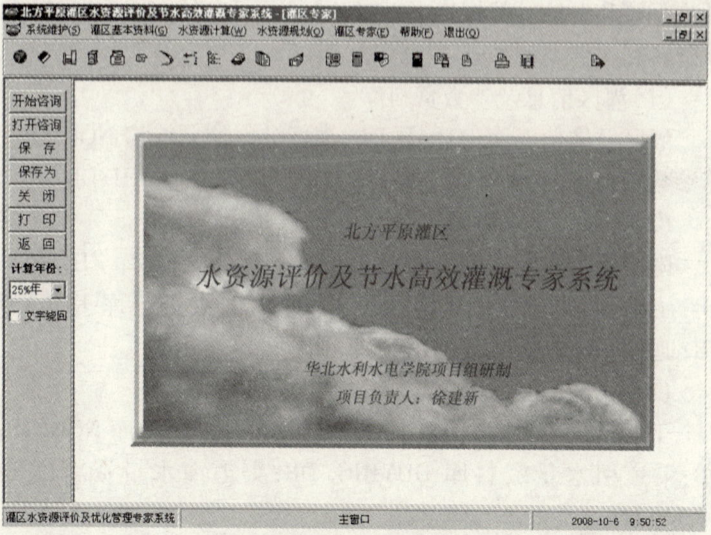

图 6-2　北方平原灌区水资源评价及高效灌溉专家系统总程序界面

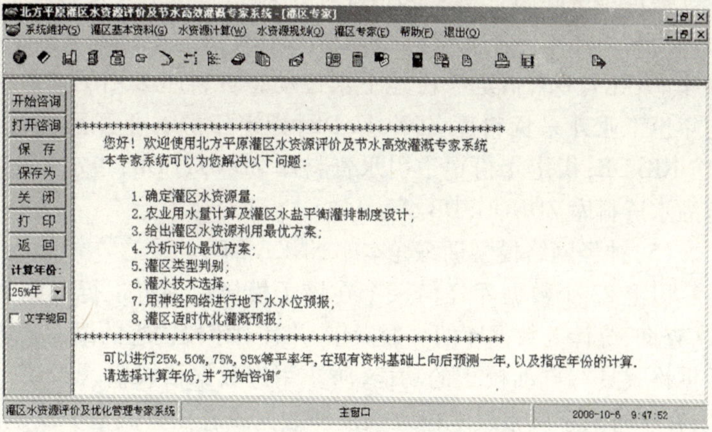

图 6-3　灌溉专家系统总体结构

灌区基本资料部分是总系统中的数据库子系统，其中包括了大量的原始数据资料，它们都以 Pradox7.0 的数据库格式或报表形式存储和保护。数据库一、二级子目录可参见图6-3。数据库基本资料和文件类型如下：

(1)灌区信息及参数资料库。

灌区总体信息库TOTAL. DB；灌区分区信息库FENQU. DB；计算参数资料库DHANSHU. DB；水文地质资料库DIZHI. DB。

(2)水文序列资料库。

降雨序列资料库JIANGYU. DB；蒸发序列资料库ZHENGFA. DB；径流序列资料库JINGLIU. DB；库塘蓄水资料库KUTANG. DB；地下水动态资料库DONGTAI. DB。

(3)用水序列资料库。

工业开采资料库GONGKAI. DB；农业开采资料库NONGKAI. DB；渠道引水量资料库QUYING. DB；渠道灌水量资料库QUGUAN. DB。

(4)指定计算年份资料库。

指定年份降雨资料库ZDNJY. DB；指定年份蒸发资料库ZDNZF. DB；指定年份径流资料库ZDNJL. DB；指定年份库塘蓄水资料库ZDNKT. DB；指定年份地下水位动态资料库ZDNDT. DB；指定年份工业开采资料库ZDNGK. DB；指定年份农业开采资料库ZDNNK. DB；指定年份渠道引水资料库ZDNQY. DB；指定年份渠道灌水资料库ZDNQG. DB。

(5)神经网络模型训练样本库NNET. DB。

以上23个数据库任何一个在该子模块中都可进行增删、修改、查询、统计等数据库的一般操作，并且对字段内容的添加模块，数据格式具有自动校正的功能，防止用户数据格式输入错误，例如，在字符型字段错误地输入数值型数据或者在数值型字段错误地输入字符型数据。库中所有数据均可以图文并茂的形式报表输出。

水资源计算及水资源规划两个子系统包括了前面述及的5个

二级计算子系统及子子系统模块。计算子系统中所依赖的计算数据均源于基本资料数据库。

两个计算子系统，其计算结果均可以以表格和图形形式在屏幕显示、输出、打印，还可以 BMP、AMF、EMF 等图表格式保存为文件或送至剪切板。

计算子模块中的数值模拟模型为一个单独运行的执行文件，可以看做 EDCIAWR 所附带的工具。该工具可以对任何一个具体水文地质区域进行数值模拟计算，包括计算单元网格的形成，数据文件的整理和编辑，数值计算程序的调用以及计算结果（流场等值线）的适时显示或输出都集于一个处理环境中。很好地利用这个工具可以随时对灌区地下水进行模拟和预测，减少了以往对一个区域进行地下水数值模拟计算大量的人力劳动和重复性劳动，该工具的编制成功为 EDCIAWR 添加了一个非常显著的特色。

灌区专家系统包含 5 个子系统，分别为专家咨询、灌水技术选择（模糊数学法）、灌水技术选择（专家打分法）、灌区优化灌溉及灌溉制度设计。其中灌溉制度设计程序编制思路已在第 3 章中叙述。

专家咨询子系统是与系统维护、灌区基本资料、水资源计算、水资源规划联合组成的灌区规划及灌区类型咨询专家系统。

其中专家咨询模块是该专家系统的主控部分，为推理机构。该部分通过操作人机交互界面进行系统运行中的人机对话及推理。系统维护及灌区基本资料部分为该专家系统的数据库和数据管理系统，水资源计算和水资源规划则是总系统中的计算程序库和知识库部分。系统根据屏幕界面提示和内部推理，逐步解决不同的问题，系统推理流程如图 6-4 所示。计算程序和知识库知识都在推理过程中被调用。推理计算结果也随着系统工作进度逐步在屏幕上显示，并根据系统提示进行下一步推理。最后系统推理结果及相关文字说明可保存为 EXP 文件，也可直接用打印机输出。

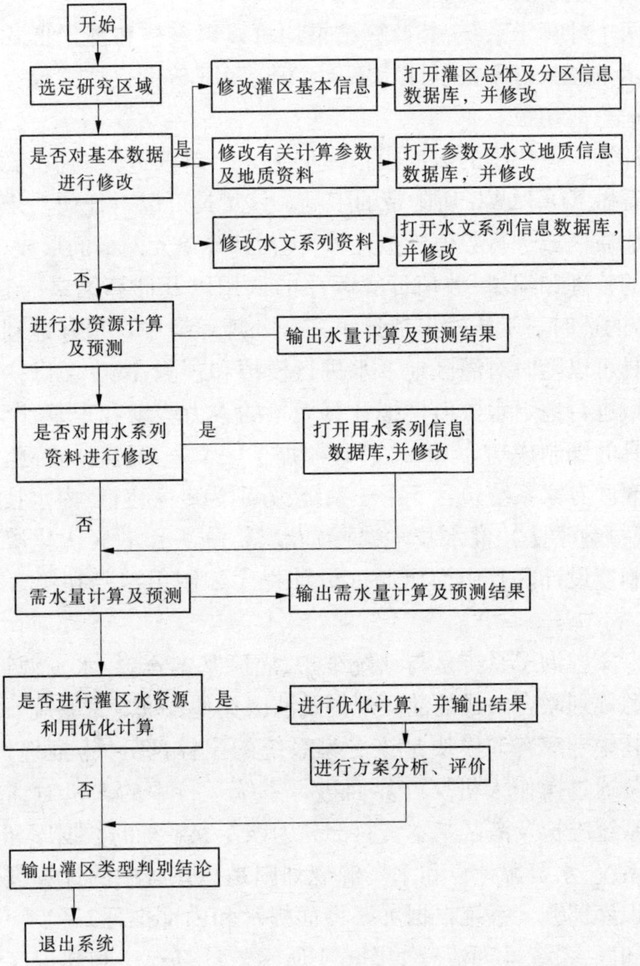

图 6-4　水资源规划专家咨询系统推理流程

专家咨询系统程序运行过程基本为自动进行,用户只需根据系统提示做出响应,即可完成推理过程。用专家咨询系统进行河南省宁陵县水资源优化利用实例,其成果储存在软件中。本书从略,有兴趣者可见程序运行过程。

灌水技术选择和灌区优化灌溉决策灌溉区是本次研究重点,整个程序设计过程待后叙述。

帮助子模块对在程序设计过程中的从数据输入到整个操作过程中需进行操作提示部分,及系统程序功能均设置了帮助信息。用户启动帮助内容后即可找到相关帮助主题。

本设计软件无论内部结构还是操作界面及帮助信息部分都非常简洁明了,并且操作简单、易懂,是一个非常美观、实用的人机交互界面,极易为用户所接受。

6.3 灌水技术选择专家系统研制与应用

6.3.1 系统研制

该专家系统具有独立的数据库模块,其内容按对不同灌水技术选择有影响的因子及分系统进行划分。数据库表格及影响因素如图 6-5 所示。数据库中表格容量可自动调整。其数据库内容可在表格中直接修改和调整。

本系统具有友好、简洁、极易操作的人机交互界面,所有操作均可在系统提示下进行。

作为半结构系统,其数据库中定量指标数据可直接输入,在操作界面具有帮助按钮提示数据输入顺序。

知识库系统设计采用两级知识建立知识库。第一级为控制级知识,即元知识,就是关于知识的知识,其内容主要包括各灌水技术对某一因素的优劣性二元对比知识。在程序设计中系统采用了文字提示,以人机对话方式进行元知识(专家判别经验)的知识获

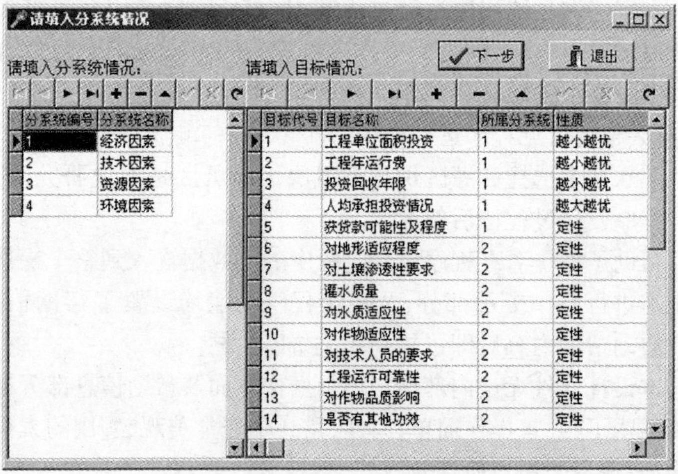

图 6-5　数据库表格及影响因素

取，然后，以产生式规则建立知识库，通过知识库规则判断建立不同灌水技术二元对比初级优属标度计算矩阵。其人机对话式元知识获取界面见图 6-6。

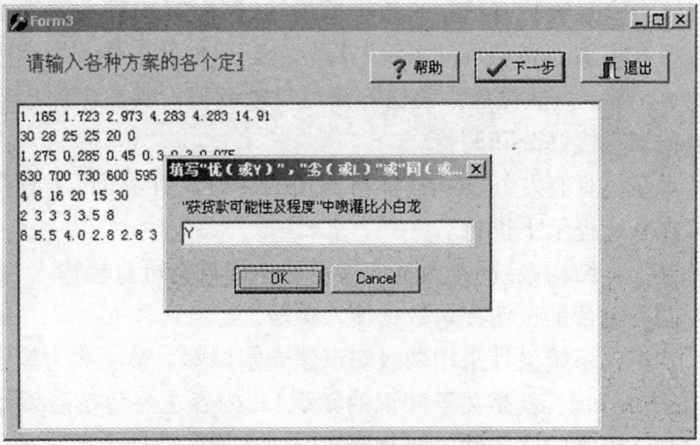

图 6-6　元知识获取计算机界面

在建立了二元对比优属度计算矩阵后，系统还具有对所获取元知识是否合理，即是否满足一致性要求的检验功能，若一致，给出输入正确向下进行的提示，否则指出一致性对比不满足其条件的方案，并提请重新调整并提示界面，见图 6-7。

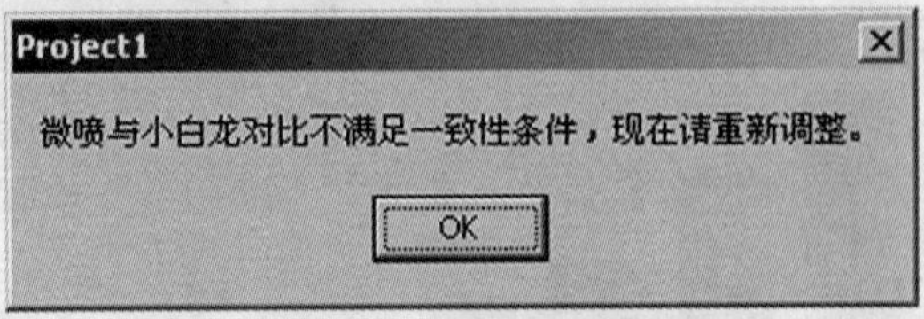

图 6-7　一致性检验界面

在获得优属度对比矩阵之后，系统内的推理机部分程序马上运行，选择以初始优属度最大值对应灌水技术为对比对象，利用领域专家经验进行所选灌水技术对某一影响因素的优属度推求。对所有定性影响因素进行完优属度分析后，利用相同原理进行各影响因素的权重模糊计算，经济因素（即经济分系统）中工程单位面积投资与工程年运行费用之间优劣性对比元知识的输入界面见图 6-8。其过程只是在确定完优属度之后，再进行归一化权重值计算（其理论及方法见第 4 章）。其余步骤与不同灌水技术对于某一影响因素优属度推求步骤相同。

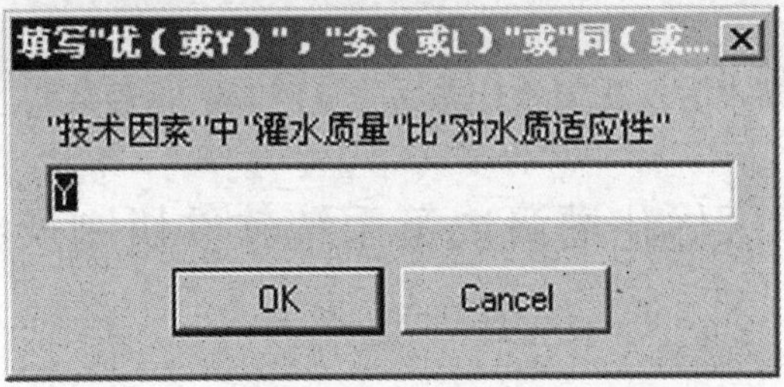

图 6-8　分系统优劣对比元知识输入界面

第三步采用与第二步知识获取优属度推求的过程类似的推理方法，推求总系统中各分系统影响因素的权重，在获得所有影响因子(因素)的权值、优属度之后,调用计算程序库进行各种灌水技术优属度计算。并通过人机交互界面将优属度计算结果以图形的形式输出。某一方案的灌水技术优属度推求结果及图例见图 6-9。

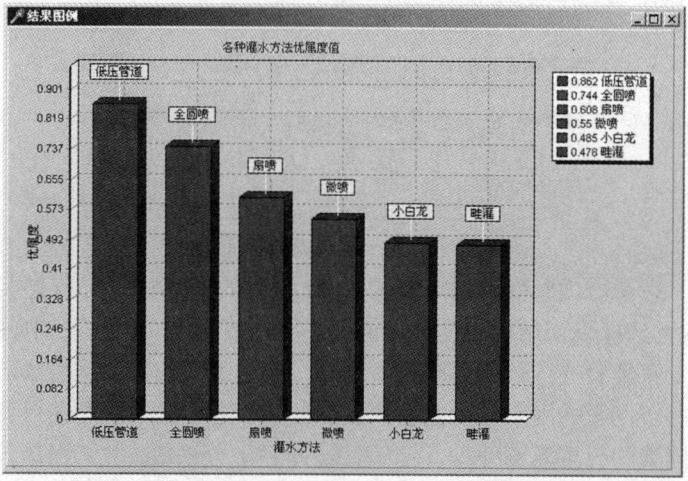

图 6-9　各种灌水方法优属度计算结果显示示意图

灌水技术选择专家系统结构组成及系统推理工作过程框图分别如图 6-10、图 6-11 所示。

6.3.2　应用举例

仍以河北省大名县 × × 灌区(基本情况见第 5 章)为例,最后求得不同灌水方法优属度计算结果见图 6-9,过程从略。

6.4　灌区优化灌溉决策系统软件研制及应用

6.4.1　系统研制

灌溉优化决策系统是一个具有独立数据库、数据管理系统、计算程序库、规则库和人机对话式语言提示输入以及简洁、实用的人机交互界面和最终结果图文输出功能的软件系统。软件程序也具

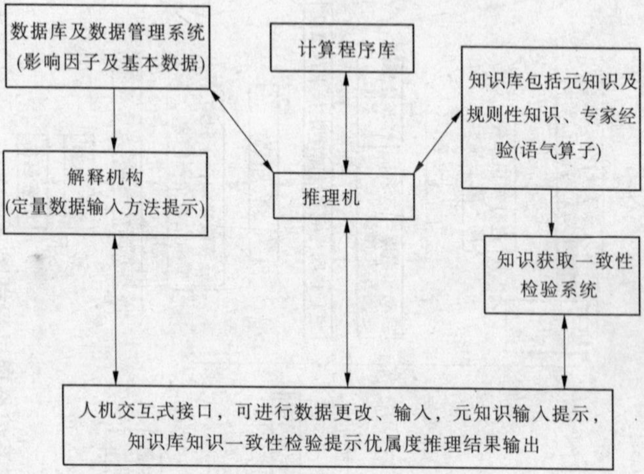

图 6-10　灌水技术选择专家系统结构

有一定的推理功能，由于该系统软件已接近于专家系统结构组成及功能，因此将其放在了灌区专家子系统内。

灌区优化灌溉决策系统，以第 5 章灌区水资源优化分配及渠系优化配水理论研究成果为基础，将灌区水分生产函数推求、水资源总体优化分配和灌区单一作物非充分灌溉条件下优化灌溉制度设计及渠系优化灌溉过程实施结合成一体。程序包括作物灌溉试验统计资料数据库、灌区作物耗水量基本资料数据库、典型年降雨量数据库、供水量在作物间优化分配结果及灌溉效益统计资料数据库在内的庞大的数据库，所有数据库资料均具备采用默认数据或进行数据增删修改功能。

系统程序运行中有多种问题可同时进行选择求解的功能。对需输入的数据均有提示功能，用户只需按系统窗口提示及屏幕按钮功能说明进行选择，即可完成全部操作，并可将最终结果以文本文件形式进行存盘和调用。系统软件实时优化灌溉方案实施过程，可参见流程图 6-12。

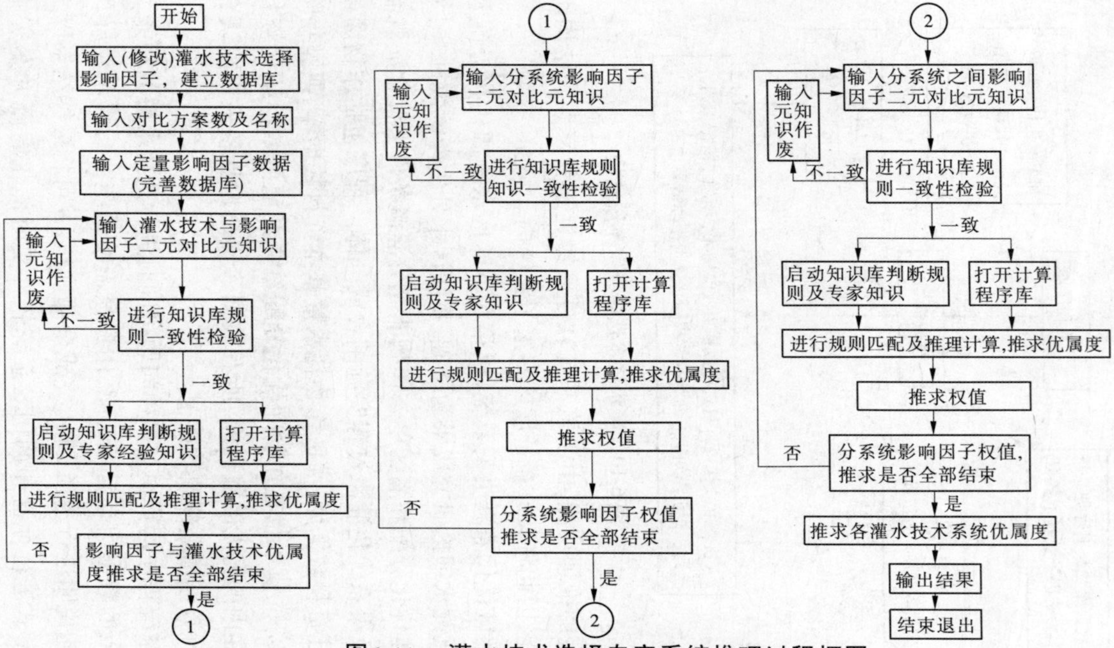

图6-11　灌水技术选择专家系统推理过程框图

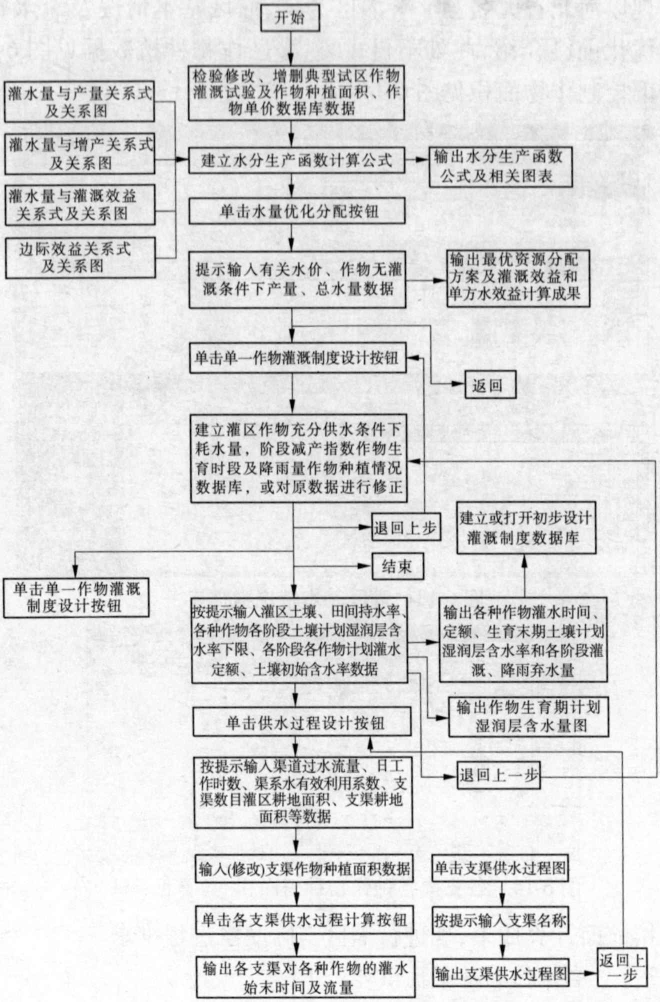

图 6-12　系统实时优化灌溉过程流程

6.4.2 软件应用举例

现以河北省大名县××灌区为例,灌区基本情况及总水资源量的优化前已介绍,此处不再重复,灌区作物种植数据见图 6-13,各支渠控制作物面积见图 6-14。

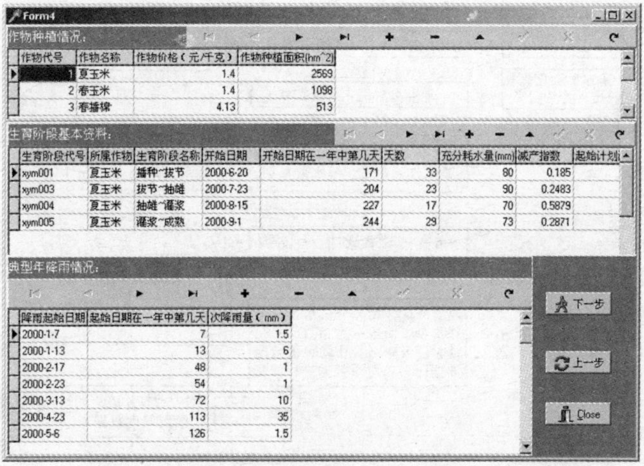

作物代号	作物名称	作物价格(元/千克)	作物种植面积(hm^2)
1	夏玉米	1.4	2569
2	春玉米	1.4	1098
3	春播棉	4.13	513

生育阶段代号	所属作物	生育阶段名称	开始日期	开始日期在一年中第几天	天数	充分耗水量(mm)	减产指数	起始计划
xym001	夏玉米	播种~拔节	2000-6-20	171	33	80	0.185	
xym003	夏玉米	拔节~抽雄	2000-7-23	204	23	90	0.2483	
xym004	夏玉米	抽雄~灌浆	2000-8-15	227	17	70	0.5879	
xym005	夏玉米	灌浆~成熟	2000-9-1	244	29	73	0.2871	

降雨起始日期	起始日期在一年中第几天	次降雨量(mm)
2000-1-7	7	1.5
2000-1-13	13	6
2000-2-17	48	1
2000-2-23	54	1
2000-3-13	72	10
2000-4-23	113	35
2000-5-6	126	1.5

图 6-13 灌区基本情况数据库

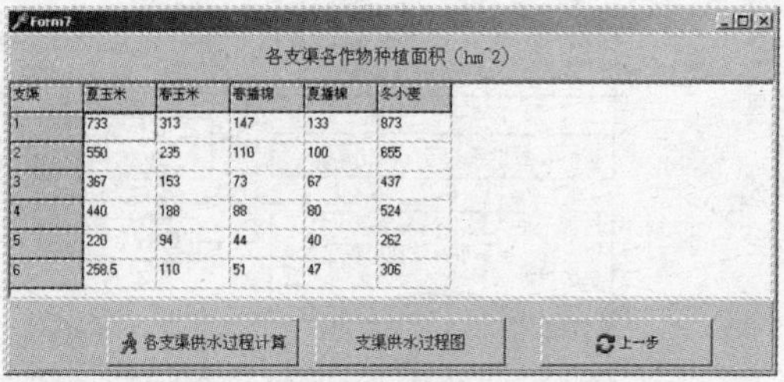

支渠	夏玉米	春玉米	春播棉	夏播棉	冬小麦
1	733	313	147	133	873
2	550	235	110	100	655
3	367	153	73	67	437
4	440	188	88	80	524
5	220	94	44	40	262
6	258.5	110	51	47	306

图 6-14 各支渠各种作物种植面积 (单位:hm^2)

接前面计算成果,现进行灌区实际灌溉过程推求。

6.4.2.1 单作物灌溉制度设计

灌区作物充分供水条件下阶段耗水量、阶段减产指数、作物生育时段及所取典型年($P=75\%$)降雨量以总水量优化分配所得各作物灌溉定额为依据,利用水量平衡方程在计划湿润层含水量小于0.7倍田间持水率时，对作物非充分供水条件下，其耗水量进行修正。经三次试算求得典型区作物灌水定额及灌水时间如表6-1所示，在作物生育阶段，典型作物对应土壤计划湿润层含水量变化情况见图6-15、图6-16。

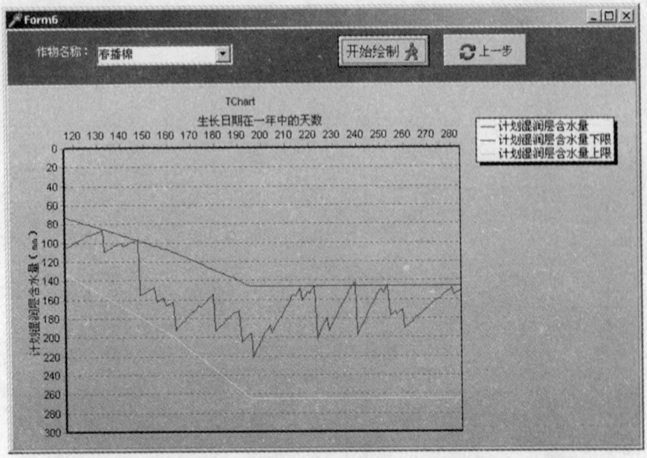

图6-15　春播棉土壤计划湿润层含水量变化过程线

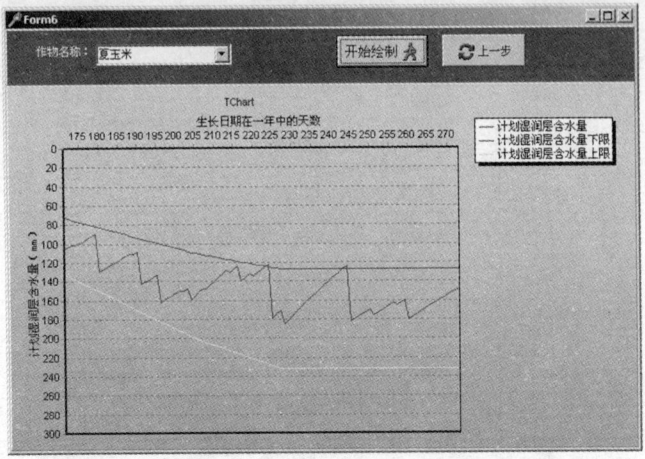

图6-16　冬小麦土壤计划湿润层含水量变化过程曲线

表 6-1　典型作物灌溉制度统计

作物名称	灌水次序	灌水时间距1月1日第 n 天	灌水定额（mm）	$W_{实}/W_{田}$	实际产量与最高产量比值	弃水量（mm）
夏玉米	1	215	75	0.78	0.972	
	2	242	88			
	合计		163			
春玉米	1	119	60	0.58	0.932	
	2	127	60			
	3	146	60			
	4	173	75			
	合计		255			
春播棉	1	147	60	0.55	0.881	
	2	222	75			
	3	241	75			
	合计		210			
夏播棉	1	162		0.50	0.928	5
	2	233	45			
	3	244	40			
	合计		85			
冬小麦	1	348	60	0.46	0.787	
	2	423	60			
	3	466	75			
	4	490	66			
	合计		261			

6.4.2.2 支渠灌水率制定

以各级渠道设计过水流量为限制条件(总干渠毛设计流量5 m^3/s),以作物种植面积作为流量分割依据,以设计作物灌水时间为最后一天灌水时间,设干渠日工作22 h,设各支渠渠系水有效利用系数均为0.65,进行各支渠灌水始末时间及供水流量计算。各支渠控制作物面积如表6-1所示,求得各支渠初步灌水始末时间及流量,典型支渠计算结果如图6-17、图6-18所示。

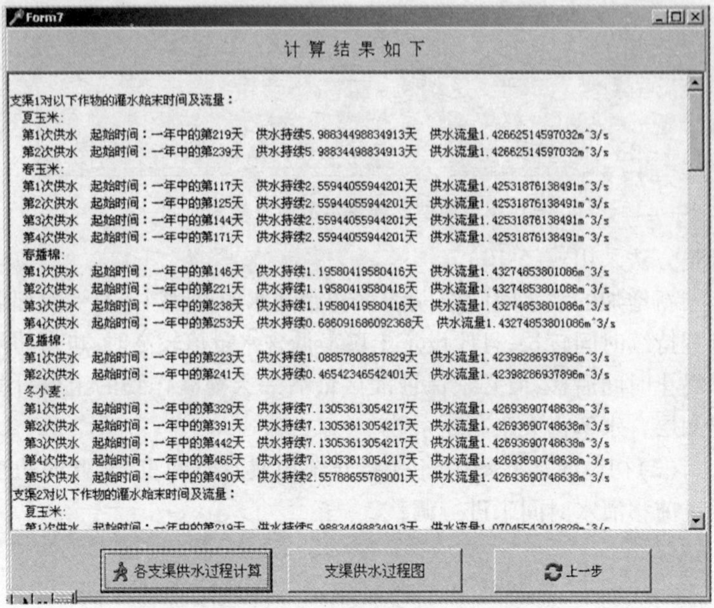

图6-17 典型支渠供水过程计算结果统计

6.4.2.3 实际供水过程研究

前面已进行了灌区及各支渠灌水率初步设计,然而在实际灌溉实施中,将有一些问题与实际情况有差别,具体处理方法如下:

(1)来水流量达不到设计流量时,此时渠道受灌溉需水要求限制,次灌溉总水应量保持不变。因此,必须进行供水时间调整,

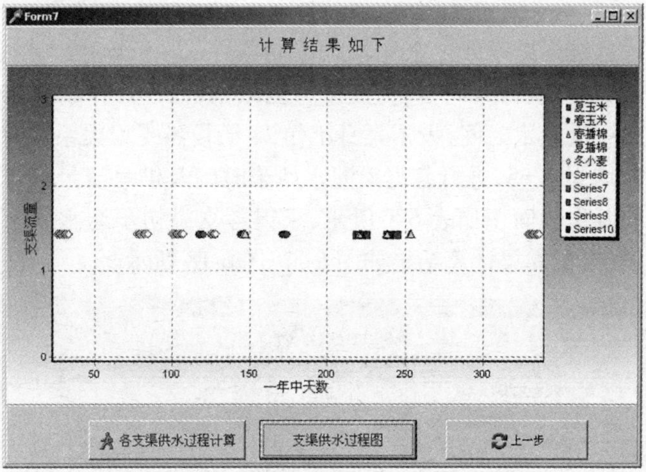

图 6-18　典型支渠供水流量及始末时间

调整方法采用式(5-10)。

新增加的灌水时间应以前移初始灌水时间为主,若一次灌溉过程持续时间较长,且原设定土壤最低含水量值较高时,也可将灌水终止时间后移,但必须保证灌区最后一天灌溉作物的土壤计划湿润层含水率仍大于凋萎系数。

(2)初设灌水率图中将有部分作物灌水时间重合,此时也应通过前移灌水时间来进行调整。

第7章 结论与建议

7.1 主要研究结论

本书首先对专家系统、人工神经网络理论与技术在水文水资源、农田节水灌溉领域中的应用情况，节水灌溉技术选择研究成果和灌区农业水资源评价方法等领域的研究现状及存在的问题进行了系统的分析总结。在此基础上结合典型灌区，以专家系统软件研制为目标，进行了系统的灌区水资源评价方法、区域水资源最优规划、灌区水资源开发利用理论与技术和灌水技术选择理论与方法、灌区与渠系优化配水方法等进行了较系统深入的研究。研究成果得出的主要结论如下：

(1)在用有限单元法进行地下水资源评价中，通过引用ALGOR软件，实现了单元网格的自动剖分，且该软件对不同边界条件有较好的适应性，能使计算过程在计算机上自动完成，为有限元法的应用提供了便捷的手段，提高了计算成果的精度。

(2)在地下水资源评价初始未知水位确定中，本书综合了加权平均外推法及线性外推法的特点，在考虑二维情况下建立了组合加权平均外推公式，并将其用于确定研究区域未知点的地下水位，经应用证明其方法可行。

(3)将人工神经网络技术中的BP算法作为集中参数模型方法，用于进行地下水位及河道径流量的中、长期预报。根据理论成果研制了计算软件。利用该软件进行了典型河道径流量、灌区地下水位的预报研究。其预报结果误差最大不超过15%，与以往研究成果相比,其计算精度有所提高,其定性完全正确,达到了工程中对研究成果精度的要求,也证明所研制的计算程序可直接用于生产实际。

(4)书中对BP算法隐含节点数选择问题进行了研究,其结论为隐含层节点数以与输入层节点数相同为宜,此结果对采用BP算法时确定计算方案计算过程、提高计算精度具有重要意义。

(5)书中首次提出了农业用水量的概念,并给出了定义,提出了以区域水量平衡为原理的新的灌区农业水资源评价方法。并在此基础上,建立了适用于不同类型宜井灌区的,以作物加权平均耗水量为主要因子、考虑全区域耕地、非耕地综合耗水状况的农业用水量计算公式。经计算农业用水量为650~750 mm。此结论说明:黄淮海平原缺水,但按照非充分灌溉理论分析,在农作物达较高产量水平时,各地农业用水量与当地多年平均降雨量差值在100 mm左右。书中同时指出:此缺水将明显造成灌区作物减产。因此,采用节水灌溉技术提高灌溉水的有效利用率或从外流域调进100 mm左右水量,以达到作物高产、稳产需水要求,都是非常必要的。

(6)书中建立的作物加权平均耗水量计算公式,在定量估算灌区农业水资源状况、进行灌区类型划分和估算农业种植结构调整、土地利用率变化对用水量影响等方面具有重要的实用意义,到目前为止,在相关文献中尚未见类似研究成果。

(7)书中针对北方沿河渠灌为主灌区、引水量过大、排水、排盐量小、灌区次生盐碱化严重的问题,提出以水盐平衡为原则,以农业用水量为控制引水量的引、排水控制原则,并在此基础上,首次提出了灌区全区域的灌排制度设计方法。对典型灌区的设计结果证明,此方法理论合理,方法可行,其基本理论及设计方法可在我国北方已建成或新建类似灌区设计与管理中应用。

(8) 节水灌溉方法选择指标体系的建立，从综合分析来看，采取按经济、技术、资源、环境四方面因素划分系统，选择 22 个对灌水技术应用有较大影响的因子作为灌水技术选择的依据是比较全面且适当的；在灌水方法集合确定中，采取关键影响因子一票否决的方法确定比较方案集合是必要的。一票否决的方法可以减少总计算工作量，且可提高方案选择的准确性。

(9) 书中首次将水资源巨系统分析技术和半结构多目标模糊优选理论引入灌区节水灌溉方法优选中，实际应用证明，其方法是可行的，所得结论是可信的。成果中建立的由人机交互对话界面输入元知识的灌水技术选择专家系统软件，为灌水技术选择提供了一种新方法和工具。其专家系统软件具有推理功能强大、知识获取方法新颖、界面设计美观实用、系统容错性强、易操作等特点。软件推理结果达到了可直接应用于生产实际的水平。

(10) 书中以采用动态规划法求得的总水资源量在各种作物间优化分配结果为基础，以非充分灌溉原理为依据，通过调整作物不同生育阶段土壤计划湿润层最低含水量和灌溉定额，推求灌水时间，以期获得最大效益（最高产量）；寻优过程第一次可确定初步方案并获得全生育期计划湿润层土壤含水量预测结果。以此为基础，一般通过 2 ~ 3 次调整即可获得最优结果。此寻优思路和实时修正方法解决了以往灌区水资源优化研究成果中只能利用以往数据进行模拟优化，在实际边界条件（包括降雨、来水）发生变化时难以处理的问题，使成果在研究思路和成果在实用性方面都向前迈了一步。

(11) 书中将专家系统理论与技术引入灌区水资源评价和灌溉管理中，建立了包括水资源计算与规划、水资源数值模拟、农业用水量计算及灌排制度设计、灌水技术选择和灌区优化灌溉决策 5 个子系统的灌区水资源评价及灌溉管理专家系统。编程中采用了既相互联系、可互相调用的计算结果，又相对独立可用于解决单一问题的思路和方法。所编制的专家系统软件可解决从水资源评价、灌水技术选择到指导灌区灌溉的一系列问题。本书中所研制的"区域水资源规划及灌区节水增产灌溉专家系统软件"与同类研究成果相比,其综合优越性及实用性都是非常明显的。同时也证明了利用专家系统技术进行程序研制,可提高成果的科技含量,提高程序可操作性。

7.2 建 议

将专家系统应用于水资源评价和灌区灌溉管理领域尚属初步阶段,达到直接应用与生产实际的成果尚不多见。作为水资源评价及灌溉管理专家系统,设计内容广泛,需要研究的问题还很多。根据有关文献介绍,研制一个完善成功的领域专家系统,需要包括领域专家、计算机专家在内的若干名专业人员,通过数年的工作才能完成。本研究成果受时间和任务量的限制,在许多方面的研究都尚不完善,笔者认为对如下问题有必要做进一步的深入研究。

(1)在灌溉决策子系统中应完善知识推理和解释功能,使其成为专家决策子系统。

(2)现状灌溉决策系统仅使用于单水源条件下的灌溉决策,为提高成果适用范围,应在此系统软件基础上进行多种水源条件下的优化灌溉专家系统研究,以提高成果推广应用范围。

(3)书中对灌区水盐平衡灌排制度设计方法研究,其成果是初步的,为了推进成果的推广应用,应对地下水为淡水灌区、灌区的排盐井布局、地上水地下水的调度运用方案及措施进行深入研究。

(4)随着社会的发展,新的基础理论知识不断涌现,遗传算法、确定性算法、混沌理论、模糊控制、地理信息系统、更全面系统的神经网络技术等，为专家系统的应用与完善提供了更加先进的理论和手段，将应用新技术理论的专家系统用于灌溉管理工作中，将使灌溉管理水平迈上一个新台阶。因此，建议在此方面投入更多的力量，加大研究力度，以使我国的灌溉管理水平迈上一个新台阶。

参考文献

[1] 水利电力部水文局. 中国水资源评价[M]. 北京:水利电力出版社,1987.
[2] 胡毓骐,李英能. 华北地区节水型农业技术[M]. 北京:中国农业科技出版社,1995.
[3] 贺北方,张金泉,刘正才. 水库灌区优化调度与管理[M]. 郑州:黄河水利出版社,1996.
[4] 康权. 农田水利学(中国北方地区适用)[M]. 北京:水利电力出版社,1993.
[5] 刘肇祎,雷声隆. 灌排工程新技术(上、下)[M]. 武汉:中国地质大学出版社,1993.
[6] 房宽厚,赖伟标. 农田灌溉与排水[M]. 北京:水利电力出版社,1993.
[7] 徐建新,牛文臣,田园. 水资源评价新途径商榷[J]. 灌溉排水学报,1993. 11(4).
[8] 汪家权. 平原地下水资源评价与专家系统研究[D]. 武汉:武汉水利电力大学,1995.
[9] 张翔,刘国东,丁晶. 自组织神经网络在地下水动态分类中的应用[J]. 工程勘察,1998. 5(2).
[10] 解建仓. 水电站水库群调度管理的智能决策支持系统研究[D]. 西安:西安理工大学,1994.
[11] 陈明. 神经网络模型[M]. 大连:大连理工大学出版社,1995.
[12] 张立明. 人工神经网络的模型及其应用[M]. 上海:复旦大学出版社,1993.
[13] 李远华,崔远来,杨常武,等. 漳河灌溉预报研究[J]. 水科学进展,1997(1).
[14] 崔远来,李远华,茆智. 作物缺水条件下灌溉供水量最优分配[J]. 水利学报,1997(2).
[15] 李远华. 实时灌溉预报方法及应用[J]. 水利学报,1994(2).
[16] 罗金耀. 节水灌溉技术指标及综合评价理论及应用研究[D]. 武汉:武

汉水利电力大学,1997.
[17] 王德次. 节水综合灌溉综合评介决策专家系统的研究和应用[D]. 武汉:武汉水利电力大学,1997.
[18] 陈守煜. 工程模糊集理论与应用[M]. 北京:国防工业出版社,1998.
[19] 聂相田,邱林,朱普生,等. 水资源可持续利用管理不确定性分析方法及应用[M]. 郑州:黄河水利出版社,1999.
[20] 施鸿宝,王秋荷. 专家系统[M]. 西安:西安交通大学出版社,1991.
[21] 郭元裕,李寿声. 灌排工程最优规划与管理[M]. 北京:水利电力出版社,1994.
[22] 刘肇祎,郭元裕. 灌排工程系统分析[M]. 北京:水利电力出版社,1994.
[23] 熊运章,宋松柏,胡彦华,等. 计算机在农业水土工程中的应用[M]. 北京:清华大学出版社,1999.
[24] 田园. 田园水利文集[M]. 北京:中国水利水电出版社,1998.
[25] 苏万益,陈南祥. 地下水资源管理理论与方法[M]. 西安:陕西科学技术出版社,1999.
[26] 田园,王韶华,牛文臣,等. 农业用水量研究报告[R]. 华北水利水电学院、北京水利电力管理学院,1991.
[27] 牛文臣,徐建新,韩振中. 用区域水量平衡法估算农业用水量[J]. 水利学报,1992.
[28] 徐建新,沈晋. 现代科技在节水灌溉领域中的应用[J]. 科学技术与辩证法,1999.3.
[29] 熊范纶. 农业专家系统季节开发工具[M]. 北京:清华大学出版社,1999.
[30] 费良军. 浑水波涌灌溉理论与技术要素试验研究[D]. 西安:西安理工大学,1997.
[31] 胡铁松. 神经网络预测与优化[M]. 大连:大连海事出版社,1997.
[32] 徐建新,温随群,谷红梅,等. 黄淮海平原区农业用水量估算方法探讨[J]. 华北水利水电学院学报,2000.
[33] 徐建新,冯跃志,黄强. 季节性河道引水灌区优化配水研究[J]. 灌溉排水学报,2000(2).
[34] 黄强,沈晋. 黄河干流水库调度及智能决策支持系统[M]. 西安:陕西

科学技术出版社,1996.
[35] 谷红梅.灌区灌水技术选择及优化配水专家系统[D].郑州:华北水利水电学院,1999.
[36] 汪志农.节水灌溉管理决策专家系统研究[D].杨凌西北农林科技大学,1999.
[37] 陈守煜.工程水文学水资源系统模糊集分析理论与实践[M].大连:大连理工大学出版社,1998.
[38] 粟宗嵩.土壤水动力学理论及其在灌水技术上的应用概述[J].水利学报,1985(5).
[39] 杨保安.多目标决策方法的研究方向探讨—走向智能化[J].西安工业大学学报,1990(4).
[40] 王世定.多目标问题群体决策的模糊加权法[J].系统工程理论与实践,1992(4).
[41] 梁梁.一种多层次多指标综合评价新方法[J].系统工程理论与实践,1991(9).
[42] 沈荣开,黄冠华,张瑜芳.夏玉米水分生产函数动态产量模型研究·节水农业研究发展[M].北京:北京农业大学出版社,1995.
[43] 汪志农,熊运章. 灌溉渠系配水优化模型的研究[J].西北农业大学学报,1992,(3):66-69.
[44] 刘文兆.水源有限条件下作物合理灌溉定额的确定[J].水利学报,1998(3).
[45] 崔远来,李远华.作物缺水条件下灌溉供水量最优分配[J].水利学报,1997(3).
[46] 刘昌明,何希吾.中国21世纪水问题方略[M].北京:科学出版社,1996.
[47] 冯广志.加快发展节水灌溉为农业增产和农村经济发展作贡献[J].节水灌溉,1996(3):12-13.
[48] Engmann, E. T., Rango, et al. EXSRM an Expert System for snowmelt runoff model(SRM)[J]. New Directions for Surface Water Modeling, Proceedings of the Baltimore Symposium, IANS Pub11989(181):417-426.

[49] Liong, S. Y., Chan, W. T, et al. Knowledge – Based System for SWMM Runoff Component Calibration [J]. Journal of Water Resources Planning and Management, 1991, 117(5): 507 – 524.